**Información legal**



Johannes Wild
Lohmaierstr. 7
94405 Landau
Alemania

Correo electrónico: 3dtechworkshop@gmail.com
Teléfono: +4915257887206



**Prólogo**

**Un pequeño gracias!**

¡Muchas gracias por elegir este libro!

En este libro encontrarás 66 grandes proyectos, que puedes imprimir fácilmente con una impresora 3D (preferiblemente con el método FDM). ¡Lo mejor es que todos los archivos de los objetos presentados pueden ser descargados gratuitamente! En este libro encontrarás inspiración y también valiosos consejos para "Slicing" e imprimir los proyectos. Los proyectos se dividen en categorías y niveles de dificultad. Encontrará proyectos muy fáciles a muy complejos y fascinantes en este libro. Inspírese, empiece ahora y realice muchos grandes proyectos!

# Tabla de contenido

**Prólogo......... 1**

**Tabla de contenido 2**

**1 La mejor manera de usar este libro 5**

**2 General: Útil y práctico 7**

2.1 Porta llaves 7

2.2 Clip para el dinero (doble) 10

2.3 Clip para el dinero (solo) 12

2.5 Soporte para Smartphone (plegable) 16

2.6 Soporte del cable 18

2.7 Abrecartas / navaja de bolsillo plegable 20

2.8 Cartera ("minimal wallet") 23

2.9 Cubierta de la cámara (ventana corrediza) 26

2.10 Ayuda para la memoria (libro) 28

2.11 Cepillo de uñas 30

2.12 Silbato de emergencia 32

2.13 Supporto per il libro (con una sola mano) 34

2.15 Chip de la cesta de la compra 38

2.16 Perno de la puerta (impreso ensamblado) 40

2.17 Almacenamiento de auriculares 42

2.18 Mosquetón 45

**3 Casa: Cocina 47**

3.1 Molino de café 47

3.2 Clip de bloqueo (p.ej. para las bolsas de patatas fritas) 50

3.3 Compresor de polvo de café 52

3.4 Plantilla de café: corazón 54

3.5 Plantilla de café: copo de nieve 56

3.6. Cortador de galletas: Cupcake 58

3.7 Cortador de galletas: León (3D) .......... 60

3.8 Cortador de galletas: Dinosaurio Triceratops (3D) .......... 62

3.9 Soporte para botellas de vino .......... 64

3.10 Cascanueces (nuez) .......... 66

3.11 Almohadilla de la taza .......... 69

3.12 Abridor de botellas .......... 71

3.13 Ayuda para abrir la botella PET .......... 73

3.14 Asa de transporte de latas .......... 75

**4 Casa: baño .......... 77**

4.1 Peine .......... 77

4.2 Exprimidor de tubos (p.ej. tubos de pasta de dientes) .......... 79

**5 Arte y decoración .......... 81**

5.1 Imagen de la pared en 2D: Elefante .......... 81

5.2 Imagen de pared 2D: árbol .......... 83

5.3 Cubo (grande) .......... 85

5.4 Escultura: fantasma con gorro de bruja .......... 87

5.5 Escultura: tigre de dientes de sable .......... 90

5.6 Decoración: Rosa (flor) .......... 94

5.7 Escultura: Cráneo de T-Rex .......... 96

5.8 Escultura: cráneo humano .......... 100

5.9 Escultura: estatua de un perro .......... 103

5.10 Escultura: estatua de un caballo .......... 105

5.11 Jarrón (diseño de panal) .......... 107

**6 Juguetes y juegos de mesa .......... 109**

6.1 "Cuatro victorias" .......... 109

6.2 "Air-Spinner" .......... 112

6.3 Rompecabezas: Mundo animal .......... 114

6.4 Nudo gordiano .......... 116

6.5 Juego de mesa: Ajedrez (curvo) .......... 118

6.6 Juguetes: avión con hélice ..... 123

**7 Almacenamiento ..... 127**

7.1 Soporte de la tarjeta SD ..... 127

7.2 Gancho para toallas ..... 129

7.3 Gancho para bolsas (coche) ..... 131

7.4 Tazón ..... 134

**8 Accesorios de herramientas ..... 136**

8.1 Accesorios para aspiradoras (para Polvo de taladro) ..... 136

8.2 Bandeja de alicates ..... 139

8.3 Tornillo de banco ..... 142

8.4 Plataforma elevadora (impresa ensamblada) ..... 146

**9 Objetos complejos (con función) ..... 148**

9.1 Reloj de pared (puramente mecánico y funcional) ..... 148

9.2 Luxo Jr. Lámpara (Pixar) ..... 153

**10 Objetos Divertidos y Misceláneos ..... 157**

10.1 Cryptex ..... 157

10.2 Hotel Abejas ..... 161

10.3 Mariposa (movible) ..... 163

10.4 Caja de regalo (con llave) ..... 165

10.5 Mini catapulta ..... 169

10.6 Llavero: Corazón ..... 171

10.7 Cojinetes de bolas (funcionamiento) ..... 173

**11 Palabras finales ..... 175**

**Anexo: Ajustes de rebanado (Cura y CR-10) ..... 176**

# 1 La mejor manera de usar este libro

Con la ayuda de este libro puedes conseguir mucha inspiración para proyectos de impresión en 3D. En las siguientes páginas encontrará algunos proyectos de impresión en 3D seleccionados para su materialización con una impresora de modelado de deposición fyida en 3D (FDM). Cada proyecto incluye una foto y una descripción del objeto impreso, así como valiosos consejos individuales sobre la configuración, la colocación de los archivos y cómo realizar todo el proceso de impresión en 3D. Los proyectos presentados pueden descargarse en línea como archivos ".stl" de forma gratuita. Se proporciona el enlace correspondiente.

El software de rebanado utilizado en este libro es Ultimaker's Cura. Puede descargar este programa, también gratuito, desde la página web www.ultimaker.com (-> Productos -> Ultimaker Cura). La mayoría de los programas de rebanado ofrecen características muy similares, así que por supuesto puedes usar tu software favorito como Slic3r, Simplify3D u otros. Un perfil de presión optimizado para el rebanado, puede descargarse gratuitamente de www.3ddruckworkshop.de/startpaket. Todos los ajustes generales de rebanado también se pueden encontrar en el apéndice de este libro. Para cada proyecto de impresión 3D se enumeran todos los ajustes de corte, que tienen que ser ajustados individualmente para el proyecto, ¡por lo que la impresión es muy fácil!

Un CR-10 de Creality se utiliza como impresora 3D. Esto funciona con el proceso FDM. La serie CR-10 puede ser recomendada por su excelente calidad de impresión y su fácil manejo. Si quieres comprar una impresora 3D, lo mejor es echar un vistazo a los nuevos productos como la CR-10S, la CR10-X o la CR-10S Pro. Puede encontrar más descripciones de estos dispositivos en https://de.creality3d.cn. Como filamento se utiliza y recomienda PLA(+) de Sunlu (o 3DHero) o Tianse. Por supuesto, también puedes usar la impresora 3D que ya tienes. Si no tienes una impresora 3D ni quieres comprar una, te recomiendo que busques un Makerspace

cerca de ti o que utilices porveedores de servicios de impresión 3D (en Internet).
Un Makerspace es un lugar en el que normalmente varios y diferentes dispositivos, como impresoras 3D, escáneres láser o cortadoras láser están disponibles para el uso gratuito de los miembros. Estas salas, habilitadas como taller, ofrecen el espacio necesario y el equipo adecuado para la realización de proyectos porpios. Averigua en línea dónde se encuentra el Makerspace más cercano en tu área. Además, puede averiguar en www.3dhubs.com si un proveedor de impresión en 3D (privado) de su zona acepta pedidos de impresión en 3D. Gracias a Internet, es posible iniciar los trabajos de impresión con propietarios privados de impresiones 3D del vecindario o con proveedores de servicios comerciales. Además del proceso de FDM, los proceso s de SLS y SLA también se ofrecen a menudo.
También hay otros proveedores de servicios como Protolabs (www.protoblabs.com), Shapeways (www.shapeways.com) y co..

Suficientes palabras para el comienzo: ¡Empecemos con los proyectos! Los proyectos se dividen en diferentes categorías y niveles de dificultad para que el libro sea lo más fácil de leer posible. Para cada proyecto hay también un perfil con datos como el enlace de descarga, el tiempo de impresión, el nivel de dificultad, etc.
 es el nivel más difícil. La suma "+" sirve como un aumento adicional del respectivo nivel de dificultad.

*Los proyectos de las siguientes categorías están esperando a ser impresos:*

- General: Útil y práctico
- Casa: Cocina
- Casa: baño
- Arte y decoración
- Juguetes y juegos de mesa
- Almacenamiento
- Accesorios de herramientas
- Objetos complejos (con función)
- Objetos Divertidos y Misceláneos

# 2 General: Útil y práctico

## 2.1 Porta llaves

### 2.1.1 Descripción general:

**Dificultad*:**
**Duración:** ~ 10 h
**Material:** ~ 81 g

***Descarga gratuita: Thingiverse***
*Buscar: „key holder"*
*Diseñador: „Ronniebravo10"*
*Enlace de descarga:* [https://www.thingiverse.com/thing:3286136](https://www.thingiverse.com/thing:3286136)
**Material adicional:** Llaveros

* (de )

## 2.1.2 Consejos para editar y posicionar el/los archivo(s):

Rotación de todos los objetos individuales como en la vista en *Fig. 1*:

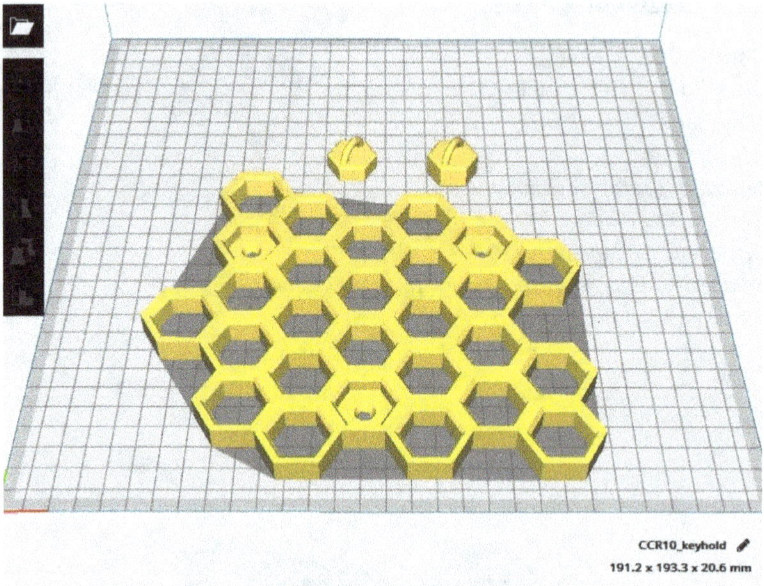


*Figura 1: Vista general de todos los archivos a imprimir*

## 2.1.3 Combinación recomendada de archivos por trabajo de impresión:

1) „Keyholder_version1" ***(Color: p.ej. negro)***
2) „Keyhold (=key)" ***(Color: p.ej. verde)***
3) „short (=key short)" ***(Color: p.ej. oro)***

## 2.1.4 Consejos sobre los ajustes de rebanado:

*„Keyholder_version1":*
**(Duración: ~ 7 h)**

- Espesor de la capa: 0.2 mm
- Densidad de llenado: 20%
- Permitir el alisado: sí
- Estructura de soporte: sin
- Adhesión: Skirt (2 Líneas, 5 mm Distancia)

*„keyhold (=key)“:*
**(Duración: ~ 2 h para 5 Pieza) |** escala 1 % más pequeña

- **Cantidad: p.ej. 5 Pieza**
- Espesor de la capa: 0.12 mm
- Densidad de llenado: 20%
- Permitir el alisado: sí
- Estructura de soporte: sin
- Adhesión: Skirt (2 Líneas, 5 mm Distancia)

*„short (=key short)“:*
**(Duración: total ~ 1 h) |** escala 1 % más pequeña

- **Cantidad: 3 Pieza (=Cubrir los agujeros)**
- Espesor de la capa: 0.12 mm
- Densidad de llenado: 20%
- Permitir el alisado: sí
- Estructura de soporte: sin
- Adhesión: Skirt (2 Líneas, 5 mm Distancia)

## 2.1.5 Colocación en la cama de impresión (por impresión):

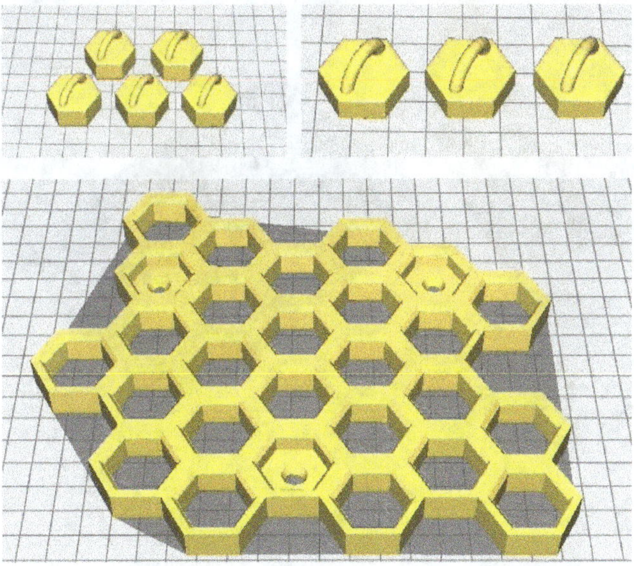

*Figura 2: Cada trabajo de impresión (1 figura = 1 impresión)*

## 2.2 Clip para el dinero (doble)

### 2.2.1 Descripción general:

**Dificultad*:**

**Duración:** **~ 2 h**

**Material:** **~ 14 g**

---



***Descarga gratuita: Thingiverse***
*Buscar: „double money clip"*
*Diseñador: „kenversus"*
*Enlace de descarga:* *https://www.thingiverse.com/thing:2832388*
**Material adicional:** Dinero ;)

* (de )

## 2.2.2 Consejos para editar y posicionar el/los archivo(s):

p.ej. „3D_Printed_Double_Money_Clip" como en *Fig. 3:*

*Figura 3: Vista general de todos los archivos a imprimir (1x cada uno)*

## 2.2.3 Consejos sobre los ajustes de rebanado:

„3D Printed Double Money Clip":
**(Duración: ~ 2 h)**

- **Color: p.ej. negro o oro**
- Espesor de la capa: 0.12 mm
- Densidad de llenado: 100%
- Permitir el alisado: sí
- Estructura de soporte: sin
- Adhesión: Brim (Ancho: 6 mm; Líneas: 15; dentro de: no)

## 2.3 Clip para el dinero (solo)

### 2.3.1 Descripción general:

**Dificultad*:**
**Duración:** **~ 2,5 h**
**Material:** **~ 7 g**

***Descarga gratuita: Thingiverse***
*Buscar: „money clips"*
*Diseñador: „Ysoft_be3D"*
*Enlace de descarga:* https://www.thingiverse.com/thing:1385206/files
**Material adicional:** Dinero ;)

* (de )

## 2.3.2 Consejos para editar y posicionar el/los archivo(s):

2 Variantes como en *Fig. 4:*

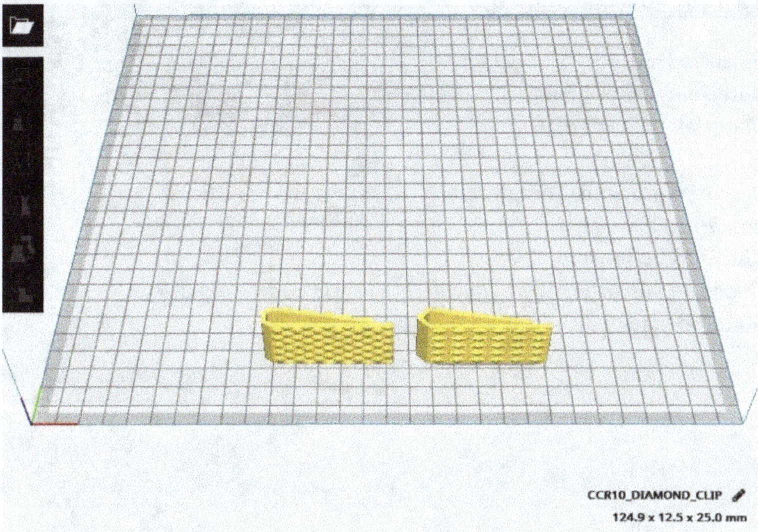


*Figura 4: Vista general de todos los archivos a imprimir (1x cada uno)*

## 2.3.3 Consejos sobre los ajustes de rebanado:

*„3D Printed Double Money Clip":*
**(Duración: total ~ 2,5 h)**

- **Color: p.ej. negro o oro**
- Espesor de la capa: 0.12 mm
- Densidad de llenado: 100%
- Permitir el alisado: sí
- Estructura de soporte: sin
- Adhesión: Brim (Ancho: 6 mm; Líneas: 15; dentro de: no)

## 2.4 **Portabolsas (de compras)**

### 2.4.1 Descripción general:

**Dificultad*:**
**Duración:** **~ 3 h**
**Material:** **~ 30 g**

***Descarga gratuita: Thingiverse***
*Buscar: „bag holder"*
*Diseñador: „ivanseidel"*
*Enlace de descarga:* [https://www.thingiverse.com/thing:26767](https://www.thingiverse.com/thing:26767)
**Material adicional: ---**

* (de )

## 2.4.2 Consejos para editar y posicionar el/los archivo(s):

Posicionándose en la plataforma de impresión como en *Fig. 5:*

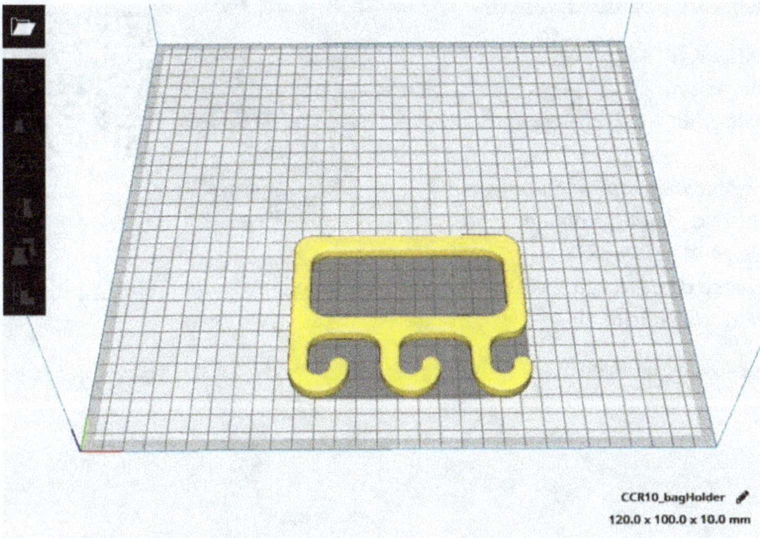


*Figura 5: Vista general de todos los archivos a imprimir (1x cada uno)*

## 2.4.3 Consejos sobre los ajustes de rebanado:

„bagHolder":
**(Duración: ~ 3 h)**

- **Color: p.ej. negro**
- Espesor de la capa: 0.16 mm
- Densidad de llenado: 50%
- Permitir el alisado: sí
- Estructura de soporte: sin
- Adhesión: Skirt (2 Líneas, 5 mm Distancia)

## 2.5 Soporte para Smartphone (plegable)

### 2.5.1 Descripción general:

**Dificultad*:**
**Duración:** **~ 2 h**
**Material:** **~ 29 g**

---

***Descarga gratuita: Thingiverse***
*Buscar: „foldable phone stand"*
*Diseñador: „Duals"*
*Enlace de descarga:* https://www.thingiverse.com/thing:3482186
**Material adicional: ---**

* (de )

## 2.5.2 Consejos para editar y posicionar el/los archivo(s):

Posicionándose en la plataforma de impresión como en *Fig. 6:*

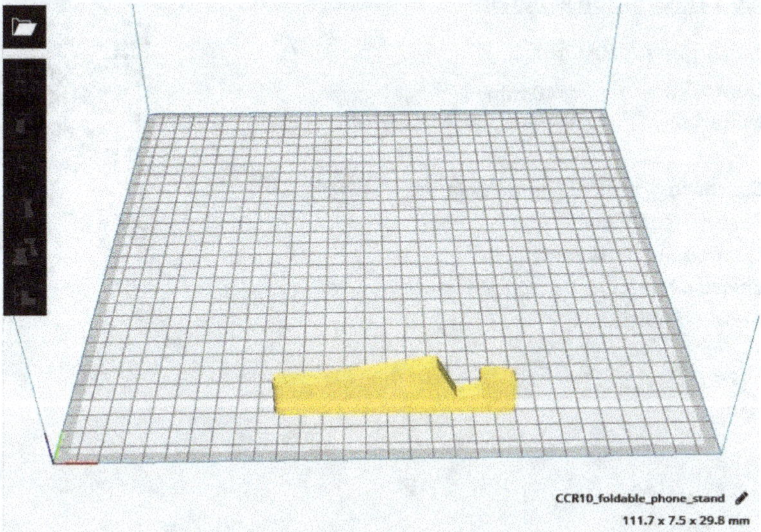


*Figura 6: Vista general de todos los archivos a imprimir (1x cada uno)*

## 2.5.3 Consejos sobre los ajustes de rebanado:

„foldable phone stand“:
**(Duración: ~ 2 h)**

- **Color: p.ej. negro**
- Espesor de la capa: 0.12 mm
- Densidad de llenado: 20%
- Permitir el alisado: no
- Estructura de soporte: sin
- Adhesión: Skirt (2 Líneas, 5 mm Distancia)

¡Ten cuidado al abrir por primera vez! Si es necesario, quite el exceso de filamento de la bisagra con un cuchillo.

## 2.6 Soporte del cable

### 2.6.1 Descripción general:

**Dificultad*:**
**Duración:** **~ 40 min**
**Material:** **~ 5 g**

---

***Descarga gratuita: Thingiverse***
*Buscar: „cable holder"*
*Diseñador: „bardiaesm"*
*Enlace de descarga:* [https://www.thingiverse.com/thing:70549](https://www.thingiverse.com/thing:70549)
**Material adicional: ---**

* (de )

## 2.6.2 Consejos para editar y posicionar el/los archivo(s):

Posicionándose en la plataforma de impresión como en *Fig. 7:*

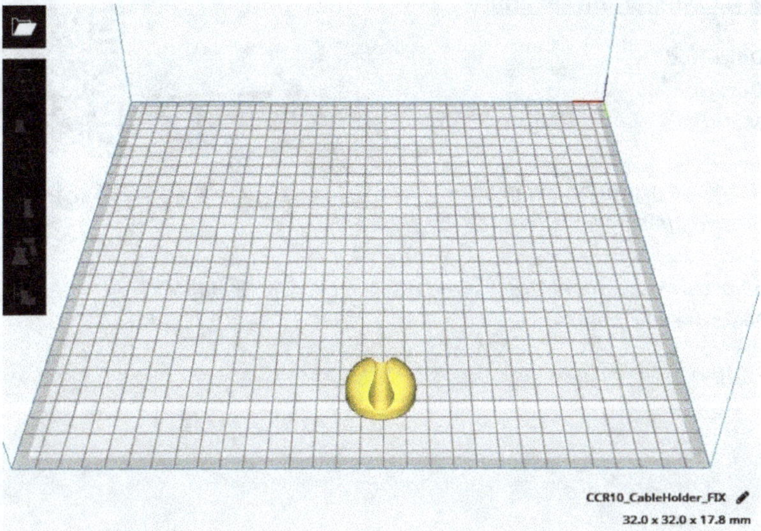


*Figura 7: Vista general de todos los archivos a imprimir (1x cada uno)*

## 2.6.3 Consejos sobre los ajustes de rebanado:

„CableHolder_FIX":
**(Duración: ~ 40 min)**

- **Color: p.ej. alterna por Pieza**
- Espesor de la capa: 0.12 mm
- Densidad de llenado: 25 %
- Permitir el alisado: no
- Estructura de soporte: sin
- Adhesión: Skirt (2 Líneas, 5 mm Distancia)

## 2.7 Abrecartas / navaja de bolsillo plegable

### 2.7.1 Descripción general:

**Dificultad*:** 2 de 4

**Duración:** ~ 2,5 h

**Material:** ~ 11 g

---

***Descarga gratuita: Thingiverse***

*Buscar: „folding knife letter"*

*Diseñador: „DRLex"*

*Enlace de descarga: https://www.thingiverse.com/thing:2789193*

**Material adicional:** ---

* (de 4)

## 2.7.2 Consejos para editar y posicionar el/los archivo(s):

Rotación de todos los objetos individuales como en la vista en *Fig. 8*:

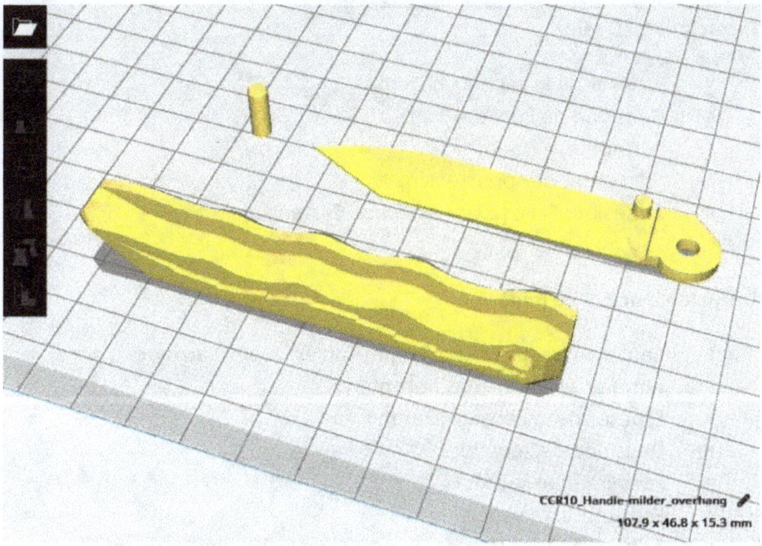


*Figura 8: Vista general de todos los archivos a imprimir (1x cada uno)*

## 2.7.3 Combinación de archivos por trabajo de impresión:

1) „Handle-milder_overhang“ ***(Color: p.ej. negro)***
2) „Blade“ (alternativamente „Blade-serated“ = hoja dentada) ***(Color: p.ej. gris)***
3) „pin” (opcional „pin-fatter” & „pin-narrower”) ***(Color: p.ej. gris)***

## 2.7.4 Consejos sobre los ajustes de rebanado:

*„Handle-milder overhang“:*
(**Duración: ~ 1,5 h**)

- Espesor de la capa: 0.12 mm
- Densidad de llenado: 35%
- Permitir el alisado: no
- Estructura de soporte: sin

- Adhesión: Skirt (2 Líneas, 5 mm Distancia)

*„Blade" (alternativamente „Blade-serated"):*
**(Duración: ~ 20 min)**

- Espesor de la capa: 0.12 mm
- Densidad de llenado: 100%
- Permitir el alisado: sí
- Estructura de soporte: sin
- Adhesión: Skirt (2 Líneas, 5 mm Distancia)

*„pin":*
**(Duración: total ~ 20 min)**

- **Cantidad: resp. 1x „pin", „pin-fatter", „pin-narrower", para obtener el alfiler más apropiado.**
- Espesor de la capa: 0.12 mm
- Densidad de llenado: 100%
- Permitir el alisado: sí
- Estructura de soporte: sin
- Adhesión: Brim (Ancho: 8 mm; Líneas: 20; dentro de: no)

## 2.7.5 Colocación en la cama de impresión (por impresión):

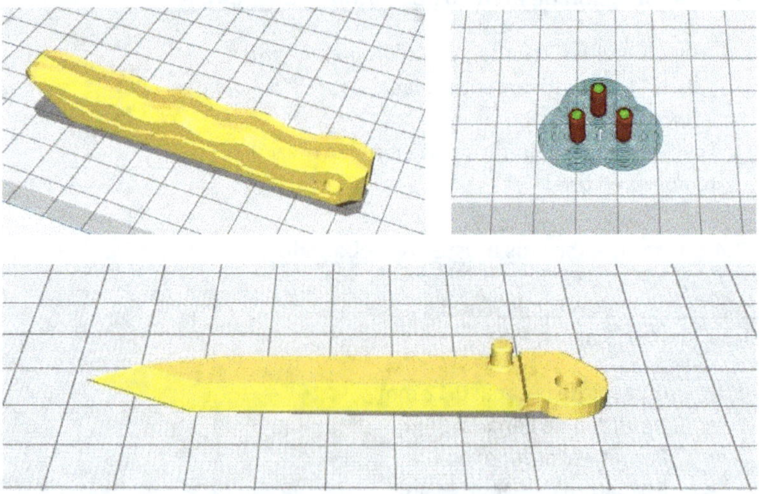

*Figura 9: Cada trabajo de impresión (1 figura = 1 impresión)*

## 2.8 Cartera ("minimal wallet")

### 2.8.1 Descripción general:

**Dificultad*:**
**Duración:** ~ 6 h
**Material:** ~ 35 g

---

***Descarga gratuita: Thingiverse***
*Buscar: „smart wallet"*
*Diseñador: „b03tz"*
*Enlace de descarga:* https://www.thingiverse.com/thing:3097272
**Material adicional:** ---

* (de )

## 2.8.2 Consejos para editar y posicionar el/los archivo(s):

Rotación de todos los objetos individuales como en la vista en *Fig. 10:*

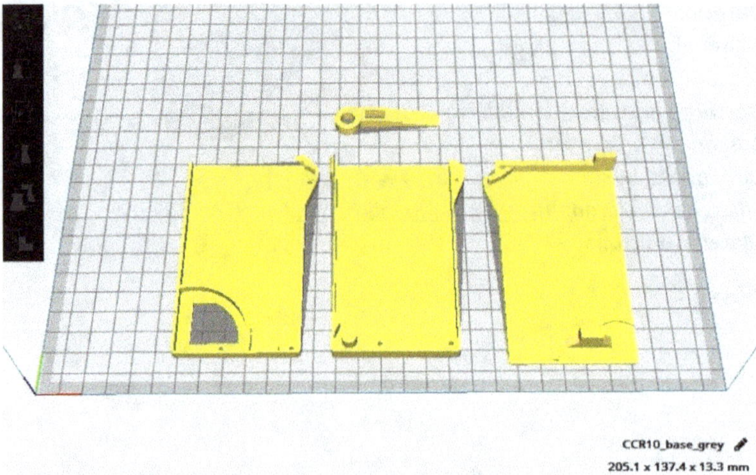


*Figura 10: Vista general de todos los archivos a imprimir (1x cada uno)*

## 2.8.3 Combinación de archivos por trabajo de impresión:

1) „base_grey" & „lid_grey" ***(Color: p.ej. negro)***
2) „lever" & „change_compartment_orange" ***(Color: p.ej. azul)***

## 2.8.4 Consejos sobre los ajustes de rebanado:

*„base_grey" & „lid_grey":*
(**Duración: ~ 4 h**)

- Espesor de la capa: 0.12 mm
- Densidad de llenado: 25%
- Permitir el alisado: sí
- Estructura de soporte: sin
- Adhesión: Skirt (2 Líneas, 5 mm Distancia)

„lever" & „change compartment orange":
**(Duración: ~ 2 h)**

- Espesor de la capa: 0.12 mm
- Densidad de llenado: 25%
- Permitir el alisado: sí
- Estructura de soporte: sin
- Adhesión: Skirt (2 Líneas, 5 mm Distancia)

## 2.8.5 Colocación en la cama de impresión (por impresión):

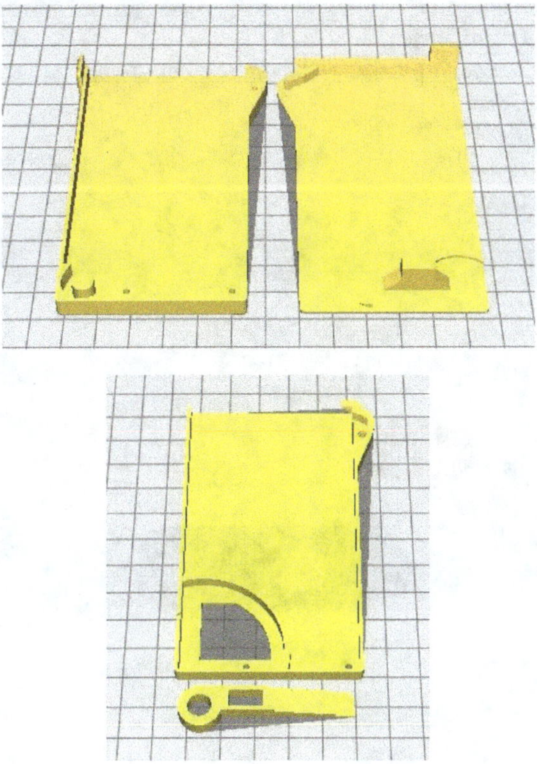

*Figura 11: Cada trabajo de impresión (1 figura = 1 impresión)*

## 2.9 Cubierta de la cámara (ventana corrediza)

### 2.9.1 Descripción general:

**Dificultad*:**
**Duración:** ~ 10 min
**Material:** ~ 1 g

---

***Descarga gratuita: Thingiverse***
*Buscar: „webcam cover"*
*Diseñador: „revensanchez"*
*Enlace de descarga:* https://www.thingiverse.com/thing:3215422
**Material adicional:** ---



* (de )

## 2.9.2 Consejos para editar y posicionar el/los archivo(s):

„webcam_cover" como en *Fig. 12*

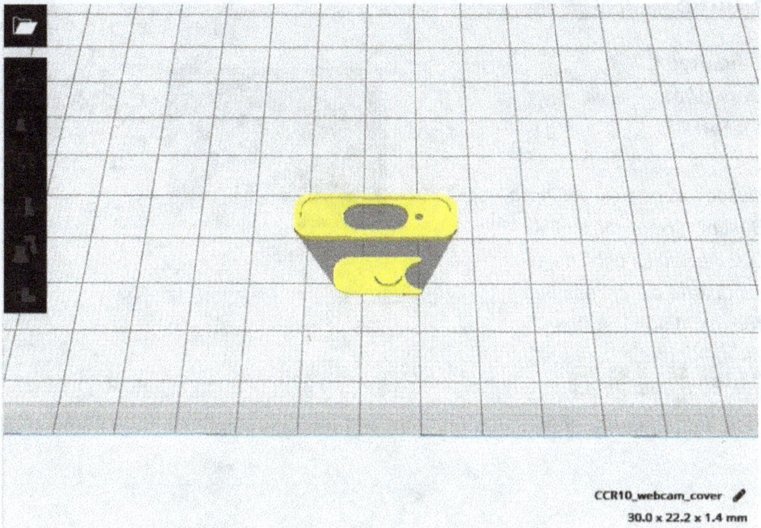


*Figura 12: Vista general de todos los archivos a imprimir (1x cada uno)*

## 2.9.3 Consejos sobre los ajustes de rebanado:

„webcam_cover":
**(Duración: ~ 10 min)**

- **Color: p.ej. negro o oro**
- Espesor de la capa: 0.12 mm
- Densidad de llenado: 100%
- Permitir el alisado: sí
- Estructura de soporte: sin
- Adhesión: Skirt (2 Líneas, 5 mm Distancia)

## 2.10 Ayuda para la memoria (libro)

### 2.10.1 Descripción general:

**Dificultad*:** 
**Duración:** ~ 0,5 h
**Material:** ~ 3 g

---

***Descarga gratuita: Thingiverse***
*Buscar: „bookmark #1"*
*Diseñador: „Tosh"*
*Enlace de descarga:* [*https://www.thingiverse.com/thing:357481*](https://www.thingiverse.com/thing:357481)
**Material adicional:** ---

* (de )

## 2.10.2 Consejos para editar y posicionar el/los archivo(s):

„bookmark1“ como en *Fig. 13:*

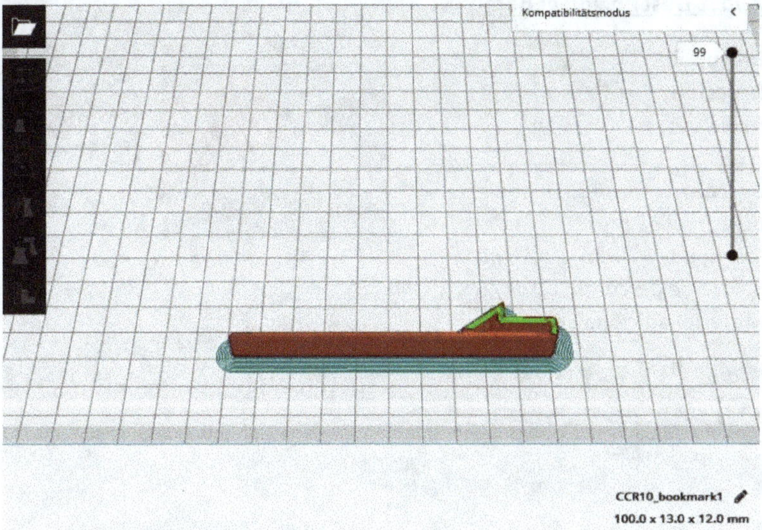


*Figura 13: Vista general de todos los archivos a imprimir (1x cada uno)*

## 2.10.3 Consejos sobre los ajustes de rebanado:

*„bookmark1“:*
**(Duración: ~ 0,5 h)**

- **Color: p.ej. azul**
- Espesor de la capa: 0.12 mm
- Densidad de llenado: 100%
- Permitir el alisado: sí
- Estructura de soporte: sin
- Adhesión: Brim (Ancho: 6 mm; Líneas: 10; dentro de: no)

## 2.11 Cepillo de uñas

### 2.11.1 Descripción general:

**Dificultad*:**

**Duración:** **~ 2 h**

**Material:** **~ 28 g**

---

***Descarga gratuita: Thingiverse***

*Buscar: „nail brush"*

*Diseñador: „Turbo_SunShine"*

*Enlace de descarga:* [https://www.thingiverse.com/thing:3355727/files](https://www.thingiverse.com/thing:3355727/files)

**Material adicional: ---**



* (de )

## 2.11.2 Consejos para editar y posicionar el/los archivo(s):

Posicionándose en la plataforma de impresión como en *Fig. 14:*

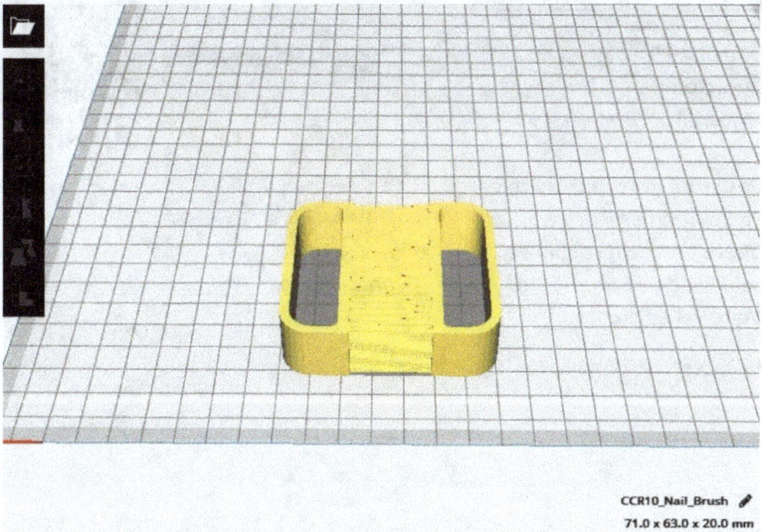


*Figura 14: Vista general de todos los archivos a imprimir (1x cada uno)*

## 2.11.3 Consejos sobre los ajustes de rebanado:

*„Nail Brush":*
**(Duración: ~ 2 h)**

- **Color: p.ej. azul**
- Espesor de la capa: 0.2 mm
- Densidad de llenado: 20 %
- Permitir el alisado: no
- Estructura de soporte: sin
- Adhesión: Skirt (2 Líneas, 5 mm Distancia)

## 2.12 Silbato de emergencia

### 2.12.1 Descripción general:

**Dificultad*:**

**Duración:** **~ 1 h**

**Material:** **~ 5 g**

---

***Descarga gratuita: Thingiverse***

*Buscar: „emergency whistle"*

*Diseñador: „whistleblower"*

*Enlace de descarga:* https://www.thingiverse.com/thing:2933021

**Material adicional:** ---

* (de )

## 2.12.2 Consejos para editar y posicionar el/los archivo(s):

Rotación de todos los objetos individuales como en la vista en *Fig. 15*:

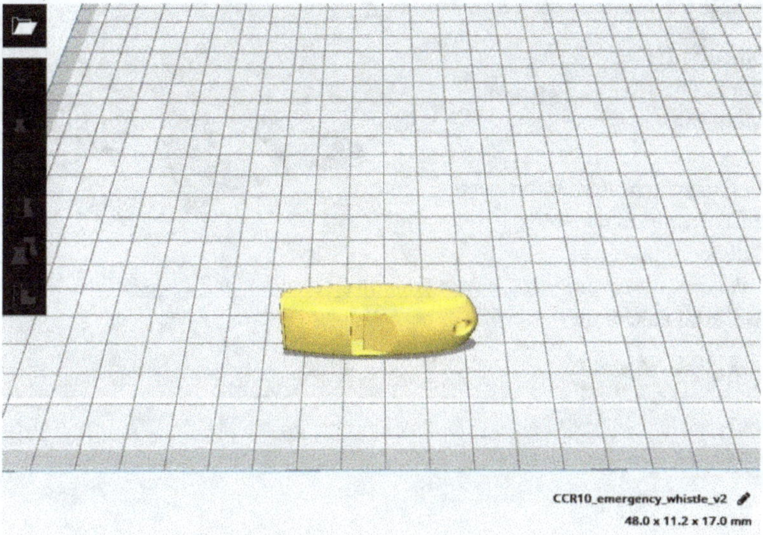


*Figura 15: Vista general de todos los archivos a imprimir (1x cada uno)*

## 2.12.3 Consejos sobre los ajustes de rebanado:

*„emergency whistle v2":*
**(Duración: ~ 1 h)**

- **Color: p.ej. verde**
- Espesor de la capa: 0.12 mm
- Densidad de llenado: 100 %
- Permitir el alisado: sí
- Estructura de soporte: no
- Adhesión: Skirt (2 Líneas, 5 mm Distancia)

## 2.13 Supporto per il libro (con una sola mano)

### 2.13.1 Descripción general:

**Dificultad*:**
**Duración:** ~ 45 min
**Material:** ~ 5 g

---

***Descarga gratuita: Thingiverse***
*Buscar: „pages holder "*
*Diseñador: „Cruele"*
*Enlace de descarga:* https://www.thingiverse.com/thing:1503676
**Material adicional:** ---

* (de )

## 2.13.2 Consejos para editar y posicionar el/los archivo(s):

Rotación de todos los objetos individuales como en la vista en *Fig. 16:*

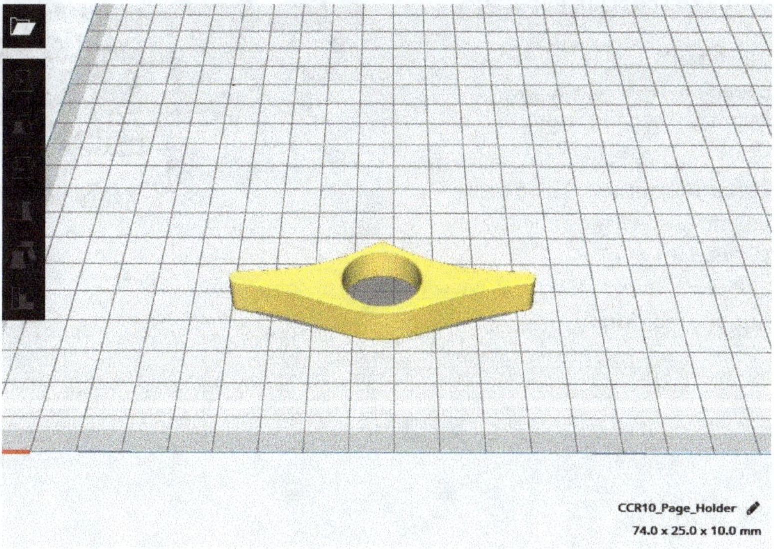


*Figura 16: Vista general de todos los archivos a imprimir (1x cada uno)*

## 2.13.3 Consejos sobre los ajustes de rebanado:

*„Page Holder":*
**(Duración: ~ 45 min)**

- **Color: p.ej. azul**
- Espesor de la capa: 0.12 mm
- Densidad de llenado: 25 %
- Permitir el alisado: sí
- Estructura de soporte: no
- Adhesión: Skirt (2 Líneas, 5 mm Distancia)

## 2.14 Fermaporta (fiocco di neve)

### 2.14.1 Descripción general:

**Dificultad*:**
**Duración:** **~ 4,5 h**
**Material:** **~ 45 g**

---

***Descarga gratuita: Thingiverse***
*Buscar: „snowflake doorstop"*
*Diseñador: „fsp"*
*Enlace de descarga:* [*https://www.thingiverse.com/thing:2762576*](https://www.thingiverse.com/thing:2762576)
**Material adicional:** ---

* (de )

## 2.14.2 Consejos para editar y posicionar el/los archivo(s):

Rotación de todos los objetos individuales como en la vista en *Fig. 17:*

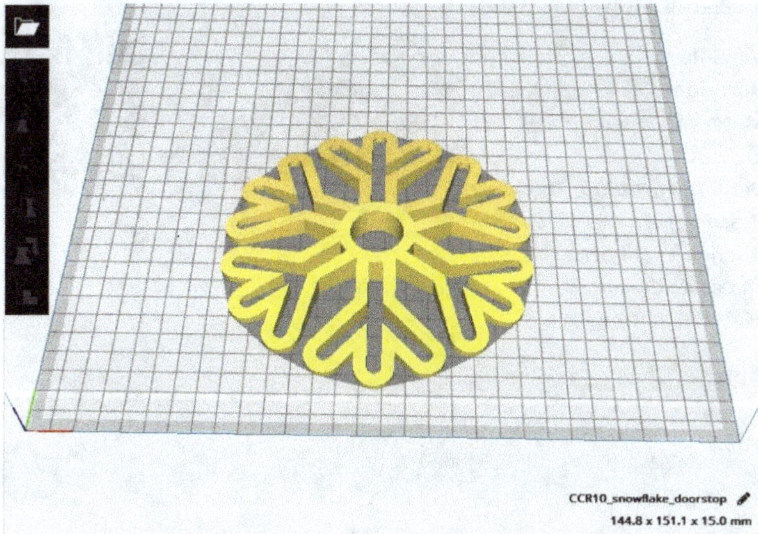


*Figura 17: Vista general de todos los archivos a imprimir (1x cada uno)*

## 2.14.3 Consejos sobre los ajustes de rebanado:

*„snowflake doorstop":*
(**Duración: ~ 4,5 h**)

- **Color: p.ej. azul**
- Espesor de la capa: 0.2 mm
- Densidad de llenado: 20 %
- Permitir el alisado: sí
- Estructura de soporte: no
- Adhesión: Skirt (2 Líneas, 5 mm Distancia)

## 2.15 Chip de la cesta de la compra

### 2.15.1 Descripción general:

**Dificultad*:** 
**Duración:** ~ 0,5 h
**Material:** ~ 4 g

---

***Descarga gratuita: Thingiverse***
*Buscar: „euro cart token"*
*Diseñador: „Rubertel"*
*Enlace de descarga:* https://www.thingiverse.com/thing:2387874
**Material adicional:** ---



* (de )

## 2.15.2 Consejos para editar y posicionar el/los archivo(s):

Rotación de todos los objetos individuales como en la vista en *Fig. 18*:

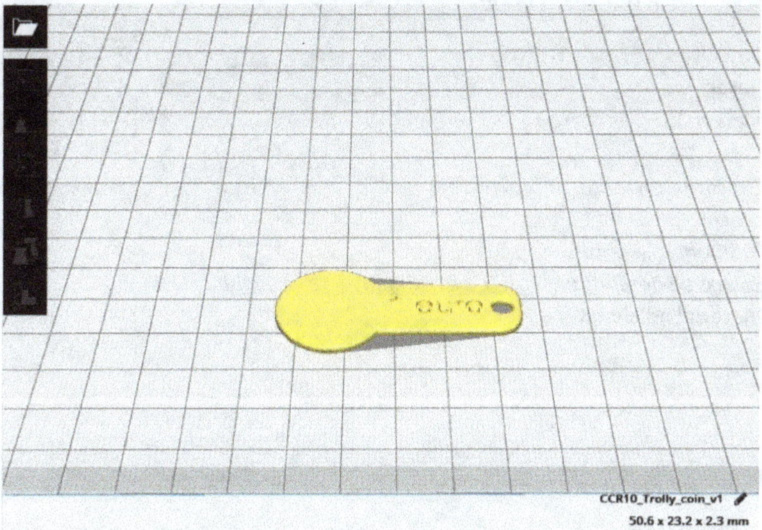


*Figura 18: Vista general de todos los archivos a imprimir (1x cada uno)*

## 2.15.3 Consejos sobre los ajustes de rebanado:

*„Trolly coin v1“:*
**(Duración: ~ 0,5 h)**

- **Color: p.ej. verde, rojo**
- Espesor de la capa: 0.12 mm
- Densidad de llenado: 35 %
- Permitir el alisado: sí
- Estructura de soporte: no
- Adhesión: Skirt (2 Líneas, 5 mm Distancia)

## 2.16 Perno de la puerta (impreso ensamblado)

### 2.16.1 Descripción general:

**Dificultad*:**
**Duración:** ~ 4,5 h
**Material:** ~ 44 g

---

***Descarga gratuita: Thingiverse***
*Buscar: „door bolt"*
*Diseñador: „Bogul"*
*Enlace de descarga:* https://www.thingiverse.com/thing:1596180
**Material adicional:** ---

* (de )

## 2.16.2 Consejos para editar y posicionar el/los archivo(s):

Rotación de todos los objetos individuales como en la vista en *Fig. 19:*

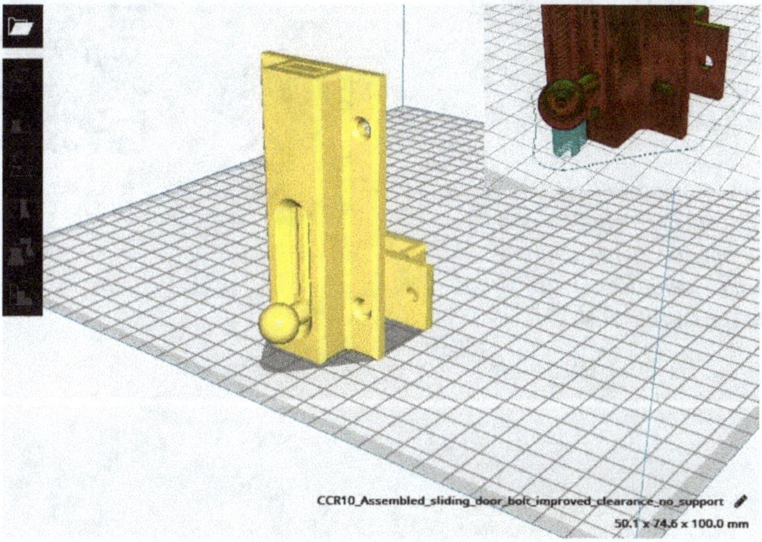


*Figura 19: Vista general de todos los archivos a imprimir (1x cada uno)*

## 2.16.3 Consejos sobre los ajustes de rebanado:

*„Assembled sliding door bolt imporved clearance no support":*
(**Duración: ~ 4,5 h**)

- **Color: p.ej. verde**
- Espesor de la capa: 0.2 mm
- Densidad de llenado: 25 %
- Permitir el alisado: sí
- **Estructura de soporte: sí (Ángulo: 60°, Densidad: 15 %, Colocación: tocar la plataforma de impresión solamente) ver *Fig. 19***
- Adhesión: Skirt (2 Líneas, 5 mm Distancia)

## 2.17 Almacenamiento de auriculares

### 2.17.1 Descripción general:

**Dificultad*:** +
**Duración:** **~ 8 h**
**Material:** **~ 47 g**

***Descarga gratuita: Thingiverse***
*Buscar: „headphone stand"*
*Diseñador: „Jeroen_H"*
*Enlace de descarga: https://www.thingiverse.com/thing:2483037*
**Material adicional:** ---



* (de )

## 2.17.2 Consejos para editar y posicionar el/los archivo(s):

Rotación de todos los objetos individuales como en la vista en *Fig. 20:*

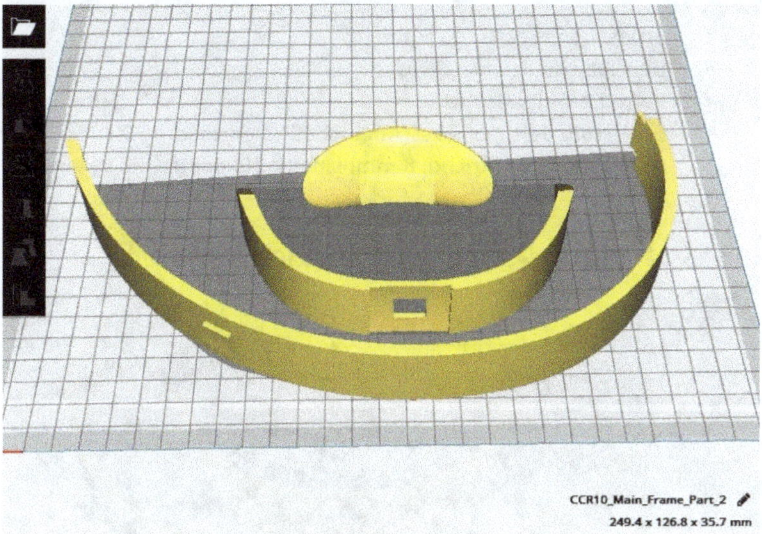


*Figura 20: Vista general de todos los archivos a imprimir (1x cada uno)*

## 2.17.3 Combinación de archivos por trabajo de impresión:

1) „Main_Frame_Part_1" & „Main_Frame_Part_2" ***(Color: p.ej. oro)***
2) „Headphone_Rest" ***(Color: p.ej. oro)***

## 2.17.4 Consejos sobre los ajustes de rebanado:

*„Main Frame Part 1" & „Main Frame Part 2":*
(**Duración: ~ 7 h**)

- Espesor de la capa: 0.16 mm
- Densidad de llenado: 25 %
- Permitir el alisado: sí
- Estructura de soporte: no
- Adhesión: Skirt (2 Líneas, 5 mm Distancia)

*„Headphone Rest":*
**(Duración: ~ 1 h)**

- Espesor de la capa: 0.16 mm
- Densidad de llenado: 25 %
- Permitir el alisado: no
- **Estructura de soporte: sí (Ángulo: 60°, Densidad: 15 %) ver *Fig. 21***
- **Adhesión: Brim (Ancho: 8 mm; Líneas: 20; dentro de: sí)**

## 2.17.5 Colocación en la cama de impresión (por impresión):

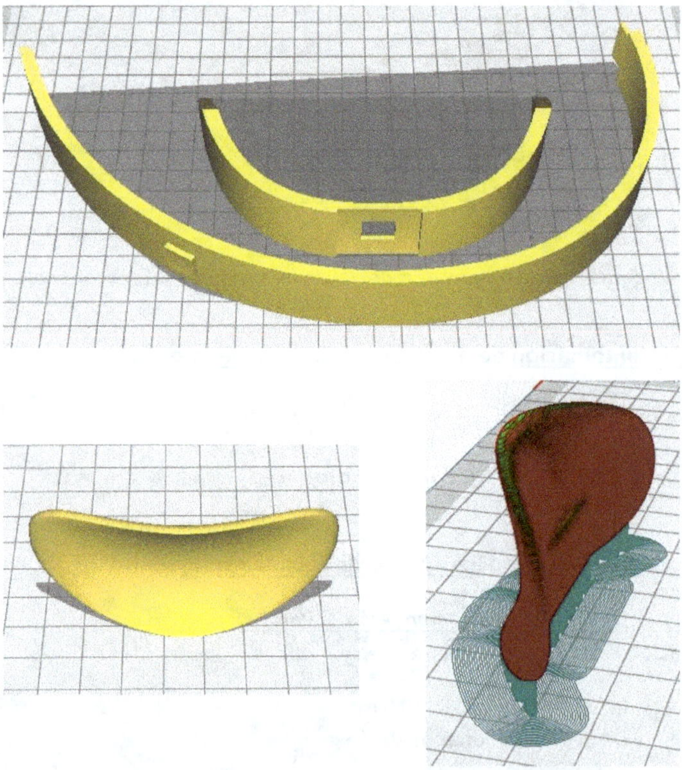

*Figura 21: Cada trabajo de impresión (1 figura = 1 impresión)*

## 2.18 Mosquetón

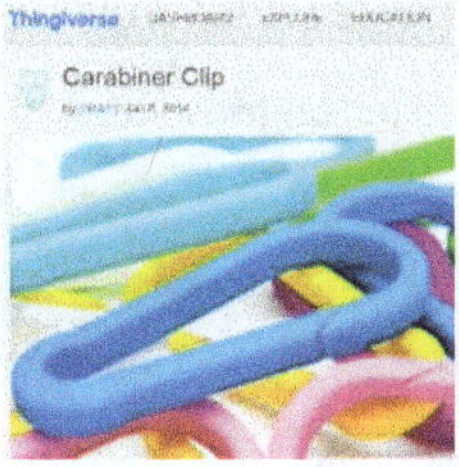


### 2.18.1 Descripción general:

**Dificultad*:**
**Duración:** ~ 1 h
**Material:** ~ 8 g

---

***Descarga gratuita: Thingiverse***
*Buscar: „carabiner clip"*
*Diseñador: „ZRAFT"*
*Enlace de descarga:* https://www.thingiverse.com/thing:221727
**Material adicional:** ---

* (de )

## 2.18.2 Consejos para editar y posicionar el/los archivo(s):

Rotación de todos los objetos individuales como en la vista en *Fig. 22*:

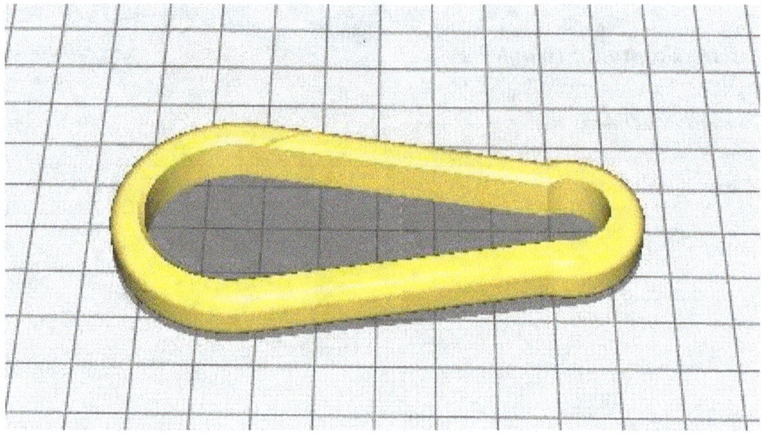

*Figura 22: Vista general de todos los archivos a imprimir (1x cada uno)*

## 2.18.3 Consejos sobre los ajustes de rebanado:

*„zortrax_carabiner":*
(**Duración: ~ 1 h**)

- **Color: p.ej. oro**
- Espesor de la capa: 0.12 mm
- Densidad de llenado: 50 %
- Permitir el alisado: sí
- Estructura de soporte: no
- Adhesión: Skirt (2 Líneas, 5 mm Distancia)

# 3 Casa: Cocina

## 3.1 Molino de café

### 3.1.1 Descripción general:

**Dificultad*:**
**Duración:** **~ 15,5 h**
**Material:** **~ 135 g**

Creative Commons - Attribution

***Descarga gratuita: Thingiverse***
*Buscar: „Coffee Grinder"*
*Diseñador: „Clarkerubber"*
*Enlace de descarga:* [https://www.thingiverse.com/thing:2205644/files](https://www.thingiverse.com/thing:2205644/files)
**Material adicional:** 7 x M3x10 o M3x15 mm Tornillos de cabeza plana

* (de )

### 3.1.2 Consejos para editar y posicionar el/los archivo(s):

Rotación de todos los objetos individuales como en la vista en *Fig. 23:*

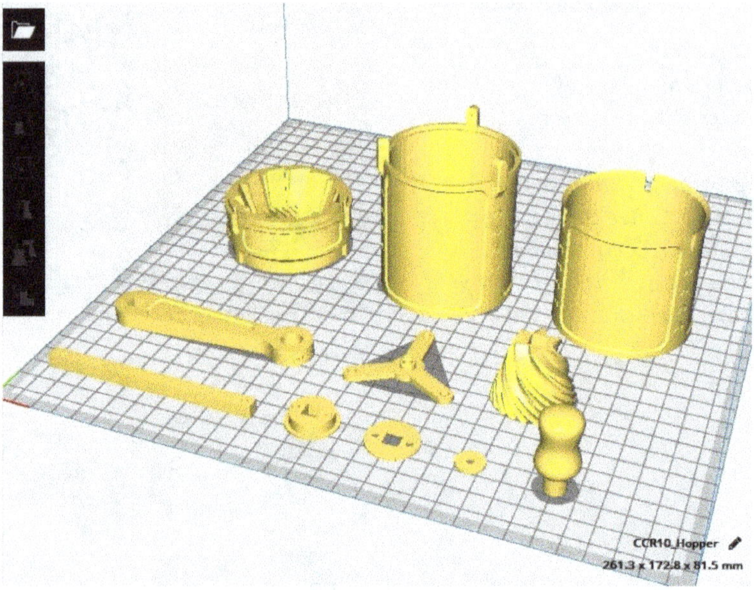


*Figura 23: Vista general de todos los archivos a imprimir (1x cada uno)*

### 3.1.3 Combinación de archivos por trabajo de impresión:

1) „Hopper“ & „Tray“ ***(Color: p.ej. negro)***
2) „Axel“; „Arm“; „BearingA“; „BearingB“; „Bracket“; „Knob_Washer“ ***(Color: p.ej. negro)***
3) „OuterGrinder“; „InternalGrinder“; „Knob“ ***(Color: p.ej. verde)***

### 3.1.4 Consejos sobre los ajustes de rebanado:

*„Hopper“ & „Tray“:*
**(Duración: ~ 7,5 h)**

- Espesor de la capa: 0.16 mm
- Densidad de llenado: 20%
- Permitir el alisado: no
- Estructura de soporte: sin
- Adhesión: Skirt (2 Líneas, 5 mm Distancia)

*„Axel"; „Arm"; „BearingA"; „BearingB"; „Bracket"; „Knob Washer":*
**(Duración: ~ 2 h)**

- Espesor de la capa: 0.12 mm
- Densidad de llenado: 20%
- Permitir el alisado: sí
- Estructura de soporte: sin
- Adhesión: Skirt (2 Líneas, 5 mm Distancia)

*„OuterGrinder"; „InternalGrinder"; „Knob":*
**(Duración: ~ 6 h)**

- Espesor de la capa: 0.16 mm
- Densidad de llenado: 55%
- Permitir el alisado: no
- Estructura de soporte: sin
- Adhesión: Skirt (2 Líneas, 5 mm Distancia)

### 3.1.5 Colocación en la cama de impresión (por impresión):

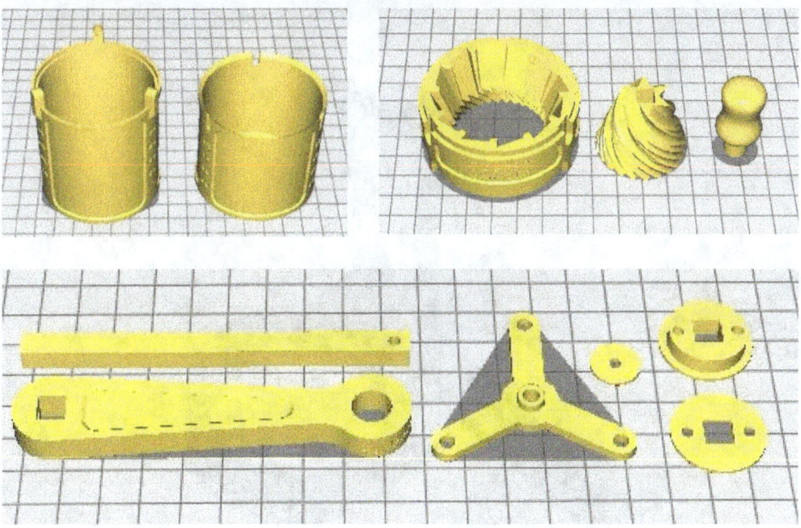

*Figura 24: Cada trabajo de impresión (1 figura = 1 impresión)*

## 3.2 Clip de bloqueo (p.ej. para las bolsas de patatas fritas)

### 3.2.1 Descripción general:

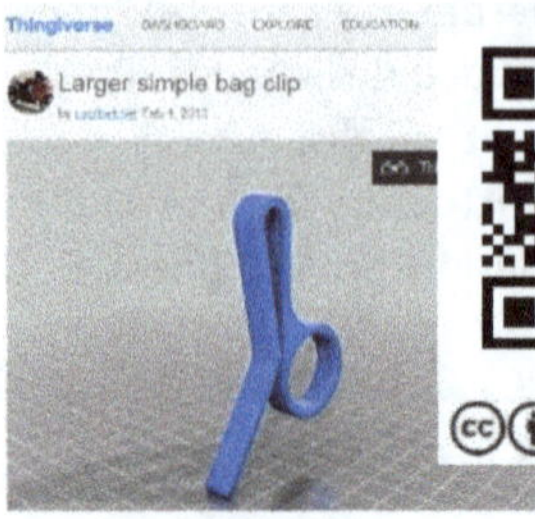


**Dificultad*:**
**Duración:** ~ 1 h
**Material:** ~ 7 g

***Descarga gratuita: Thingiverse***
*Buscar: „bag clip"*
*Diseñador: „paulbelcher"*
*Enlace de descarga: https://www.thingiverse.com/thing:47053*
**Material adicional: ---**

* (de )

## 3.2.2 Consejos para editar y posicionar el/los archivo(s):

Posicionándose en la plataforma de impresión como en *Fig. 25:*

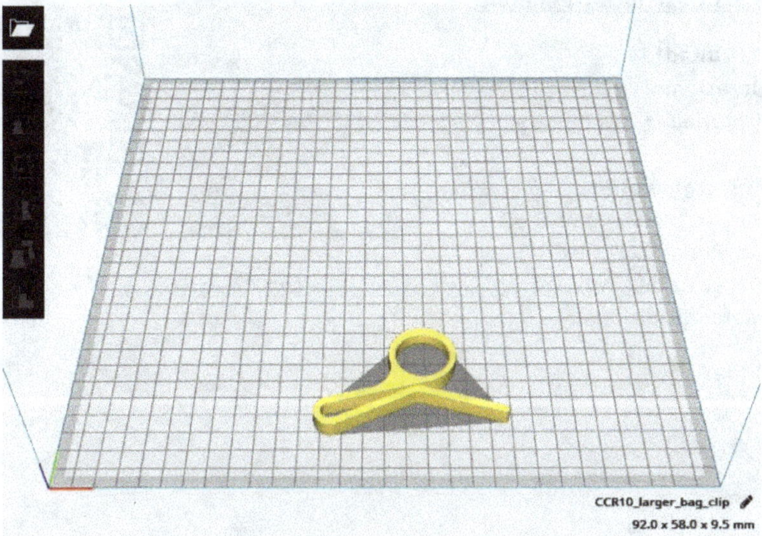


*Figura 25: Vista general de todos los archivos a imprimir (1x cada uno)*

## 3.2.3 Consejos sobre los ajustes de rebanado:

„larger bag clip":
(**Duración: ~ 1 h**)

- **Color: p.ej. negro**
- Espesor de la capa: 0.16 mm
- Densidad de llenado: 35%
- Permitir el alisado: sí
- Estructura de soporte: sin
- Adhesión: Skirt (2 Líneas, 5 mm Distancia)

## 3.3 Compresor de polvo de café

### 3.3.1 Descripción general:

**Dificultad*:**
**Duración:** **~ 3 h**
**Material:** **~ 10 g**

---

***Descarga gratuita: Thingiverse***
*Buscar: „coffee tamper 52"*
*Diseñador: „xR1stos"*
*Enlace de descarga:* [https://www.thingiverse.com/thing:3001218](https://www.thingiverse.com/thing:3001218)
**Material adicional: ---**

* (de )

## 3.3.2 Consejos para editar y posicionar el/los archivo(s):

Posicionándose en la plataforma de impresión como en *Fig. 26:*

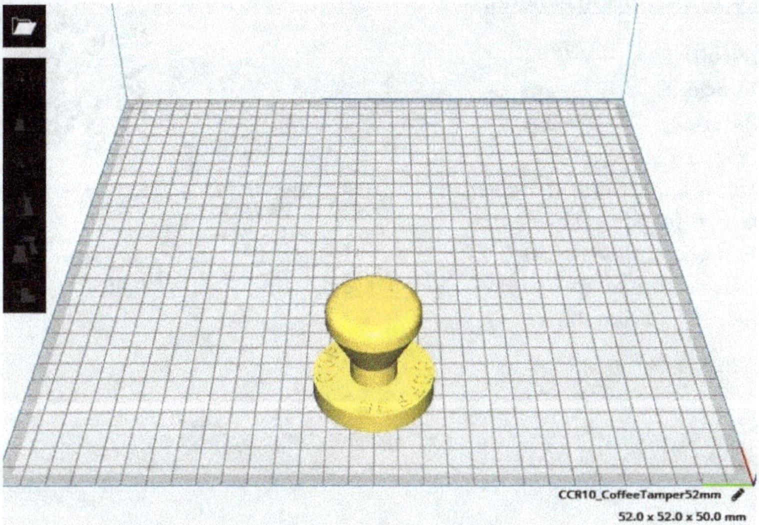


*Figura 26: Vista general de todos los archivos a imprimir (1x cada uno)*

## 3.3.4 Consejos sobre los ajustes de rebanado:

„CoffeeTamper52mm“ *o „CoffeeTamper54mm“:*
**(Duración: ~ 3 h)**

- **Color: p.ej. negro**
- Espesor de la capa: 0.12 mm
- Densidad de llenado: 30 %
- Permitir el alisado: sí
- Estructura de soporte: sin
- Adhesión: Skirt (2 Líneas, 5 mm Distancia)

## 3.4 Plantilla de café: corazón

### 3.4.1 Descripción general:

**Dificultad*:**

**Duración:** **~ 45 min**

**Material:** **~ 4 g**

***Descarga gratuita: Thingiverse***

*Buscar: „coffee gauge heart"*

*Diseñador: „thomaskoch"*

*Enlace de descarga:* [https://www.thingiverse.com/thing:1753249](https://www.thingiverse.com/thing:1753249)

**Material adicional:** ---

* (de )

## 3.4.2 Consejos para editar y posicionar el/los archivo(s):

„Coffee_gauge_Heart" como en *Fig. 27:*

*Figura 27: Vista general de todos los archivos a imprimir (1x cada uno)*

## 3.4.3 Consejos sobre los ajustes de rebanado:

*„Coffee gauge Heart":*
**(Duración: ~ 45 min)**

- **Color: p.ej. blanco**
- Espesor de la capa: 0.16 mm
- Densidad de llenado: 20%
- Permitir el alisado: sí
- Estructura de soporte: sin
- Adhesión: Skirt (2 Líneas, 5 mm Distancia)

## 3.5 Plantilla de café: copo de nieve

### 3.5.1 Descripción general:

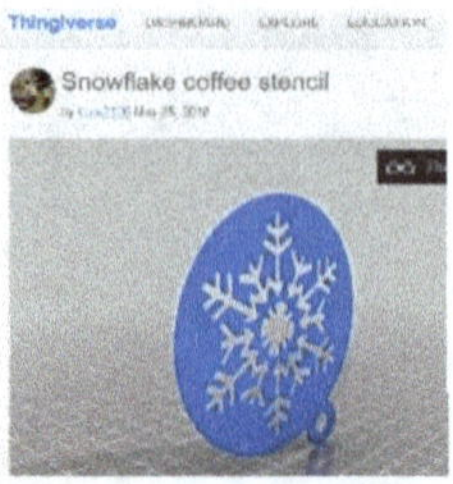


**Dificultad*:**

**Duración:** ~ 45 min

**Material:** ~ 4 g

---

***Descarga gratuita: Thingiverse***

*Buscar: „snowflake coffee"*

*Diseñador: „Lore2106"*

*Enlace de descarga:* https://www.thingiverse.com/thing:2929856

**Material adicional:** ---

* (de )

## 3.5.2 Consejos para editar y posicionar el/los archivo(s):

„snowflake“ como en *Fig. 28:*

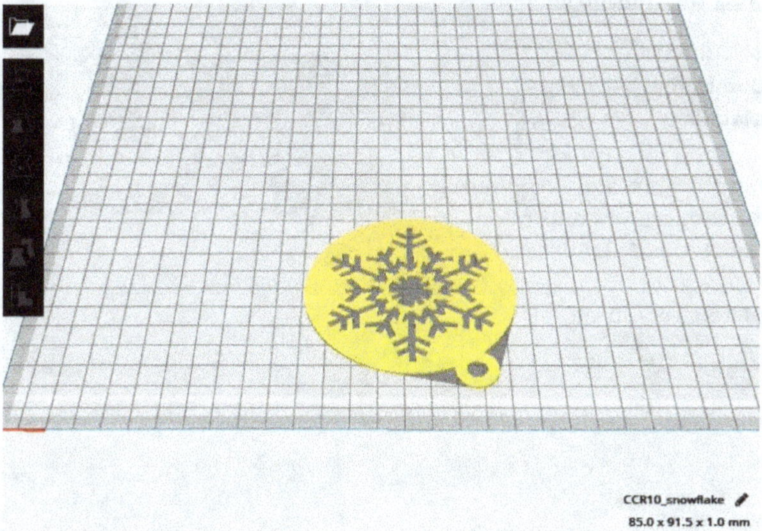


*Figura 28: Vista general de todos los archivos a imprimir (1x cada uno)*

## 3.5.3 Consejos sobre los ajustes de rebanado:

*„snowflake“:*
**(Duración: ~ 45 min)**

- **Color: p.ej. blanco**
- Espesor de la capa: 0.16 mm
- Densidad de llenado: 20%
- Permitir el alisado: sí
- Estructura de soporte: sin
- Adhesión: Skirt (2 Líneas, 5 mm Distancia)

## 3.6. Cortador de galletas: Cupcake

### 3.6.1 Descripción general:

**Dificultad*:**
**Duración:** **~ 2 h**
**Material:** **~ 15 g**

---

***Descarga gratuita: Thingiverse***
*Buscar: „cupcake cookie"*
*Diseñador: „ErickArmenta"*
*Enlace de descarga:* https://www.thingiverse.com/thing:2892744
**Material adicional:** ---

* (de )

## 3.6.2 Consejos para editar y posicionar el/los archivo(s):

„Cortador_Cupcake_10cm" como en *Fig. 29:*

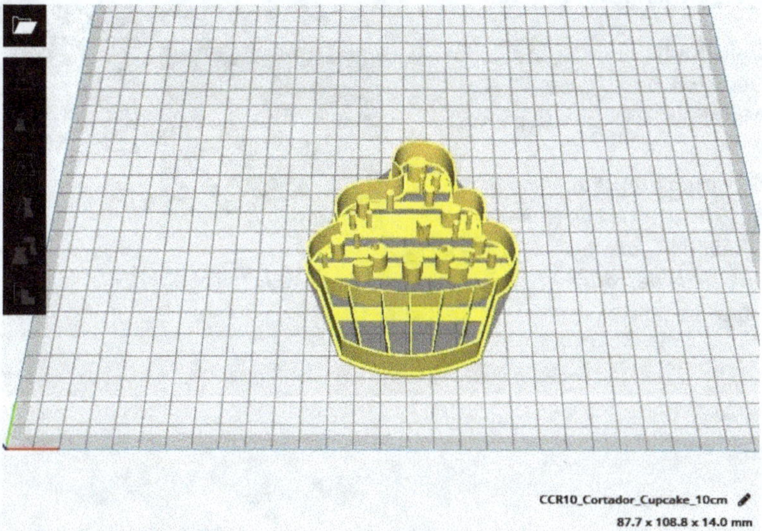


*Figura 29: Vista general de todos los archivos a imprimir (1x cada uno)*

## 3.6.3 Consejos sobre los ajustes de rebanado:

*„Cortador Cupcake 10cm":*
**(Duración: ~ 2 h)**

- **Color: p.ej. blanco**
- Espesor de la capa: 0.2 mm
- Densidad de llenado: 20%
- Permitir el alisado: no
- Estructura de soporte: sin
- Adhesión: Skirt (2 Líneas, 5 mm Distancia)

## 3.7 Cortador de galletas: León (3D)

### 3.7.1 Descripción general:

**Dificultad*:**
**Duración:** **~ 2,5 h**
**Material:** **~ 14 g**

***Descarga gratuita: Thingiverse***
*Buscar: „cookie cutter lion“*
*Diseñador: „animus“*
*Enlace de descarga: https://www.thingiverse.com/thing:1064238*
**Material adicional:** ---

* (de )

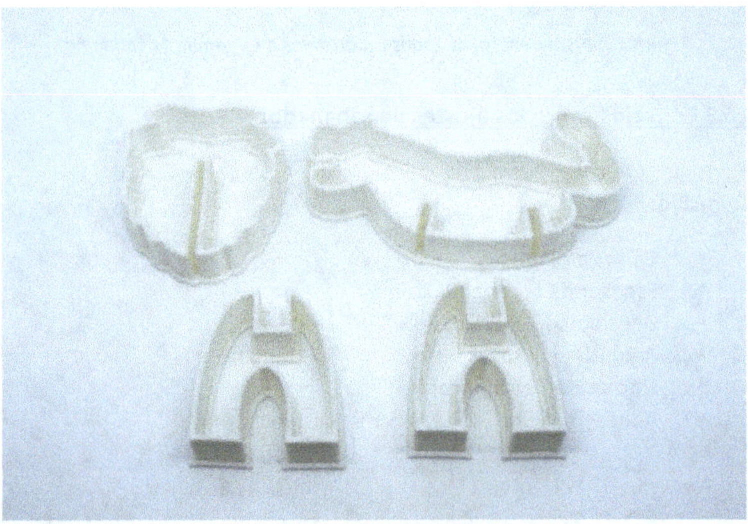

### 3.7.2 Consejos para editar y posicionar el/los archivo(s):

1x „mane", 1x „body" y 2x „legs" en un impresión como en *Fig. 30:*

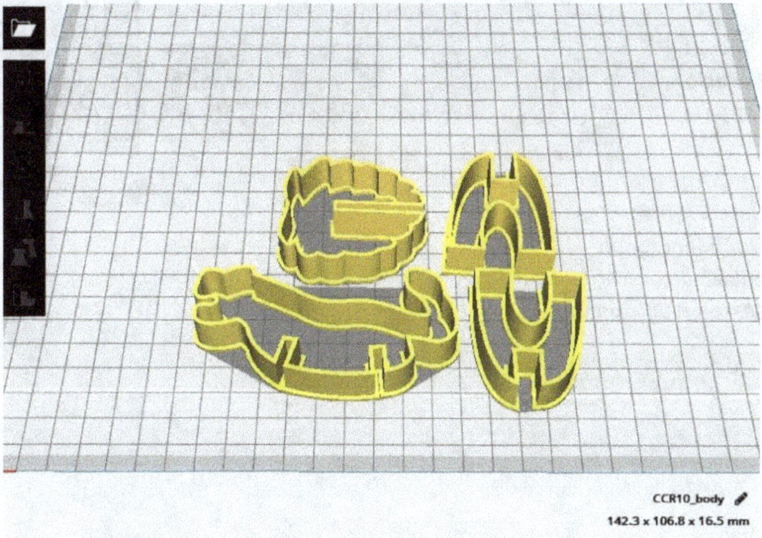


*Figura 30: Vista general de todos los archivos a imprimir*

### 3.7.3 Consejos sobre los ajustes de rebanado:

*„mane" & „body" & „legs":*
**(Duración: ~ 2,5 h)**

- **Color: p.ej. blanco**
- Espesor de la capa: 0.2 mm
- Densidad de llenado: 20%
- Permitir el alisado: no
- Estructura de soporte: sin
- Adhesión: Skirt (2 Líneas, 5 mm Distancia)

## 3.8 Cortador de galletas: Dinosaurio Triceratops (3D)

### 3.8.1 Descripción general:

**Dificultad*:**
**Duración:** **~ 3 h**
**Material:** **~ 16 g**

***Descarga gratuita: Thingiverse***
*Buscar: „triceratops cutter"*
*Diseñador: „Isolt"*
*Enlace de descarga:* *https://www.thingiverse.com/thing:859431*
**Material adicional:** ---

* (de )

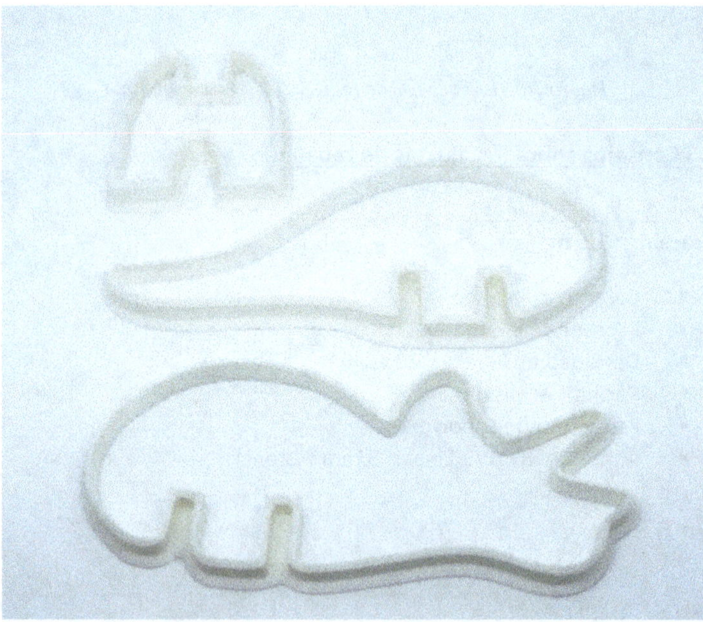

## 3.8.2 Consejos para editar y posicionar el/los archivo(s):

1x „Triceratops_Cutter" como en *Fig. 31:*

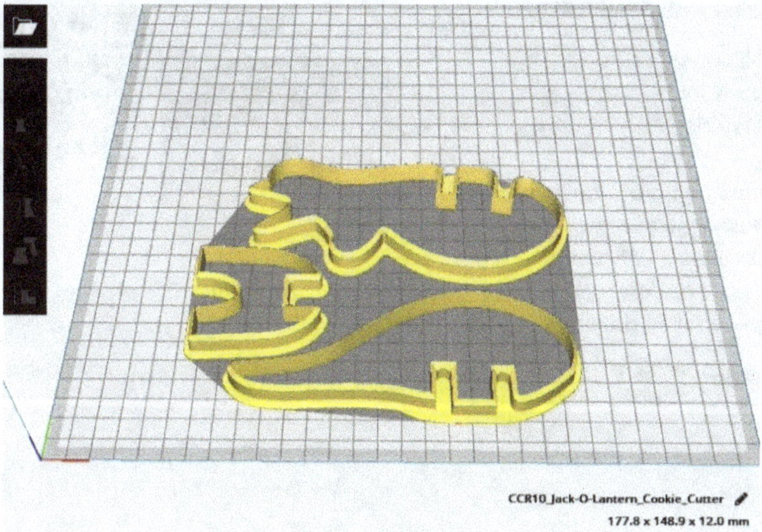


*Figura 31: Vista general de todos los archivos a imprimir*

## 3.8.3 Consejos sobre los ajustes de rebanado:

*„Triceratops Cutter":*
**(Duración: ~ 3 h)**

- **Color: p.ej. blanco**
- Espesor de la capa: 0.2 mm
- Densidad de llenado: 20%
- Permitir el alisado: no
- Estructura de soporte: sin
- Adhesión: Skirt (2 Líneas, 5 mm Distancia)

## 3.9 Soporte para botellas de vino

### 3.9.1 Descripción general:

**Dificultad*:**
**Duración:** **~ 6,5 h**
**Material:** **~ 78 g**

***Descarga gratuita: Thingiverse***
*Buscar: „curved wine holder "*
*Diseñador: „Chevron42 "*
*Enlace de descarga:* *https://www.thingiverse.com/thing:1562117/files*
**Material adicional: ---**

* (de )

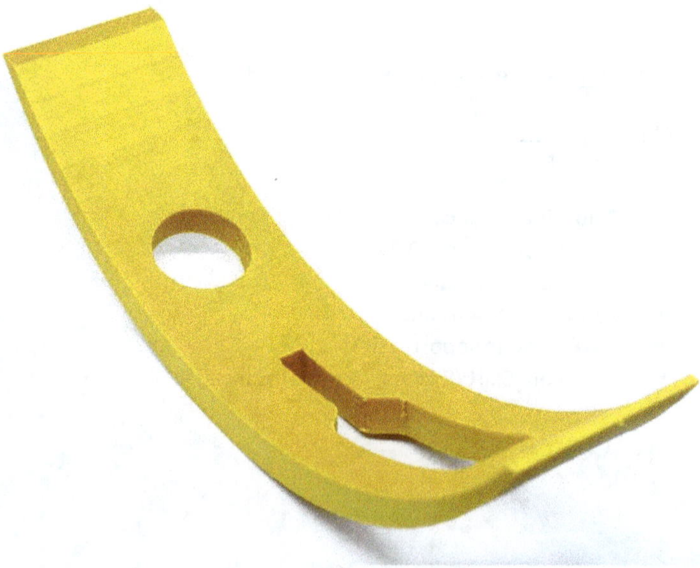

### 3.9.2 Consejos para editar y posicionar el/los archivo(s):

Posicionándose en la plataforma de impresión como en *Fig. 32:*

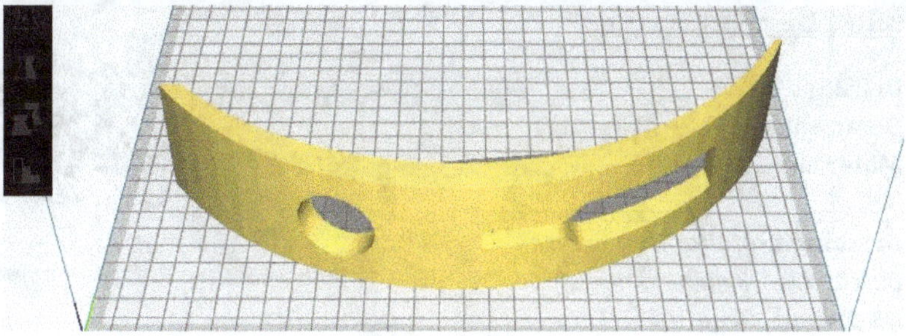

*Figura 32: Vista general de todos los archivos a imprimir (1x cada uno)*

### 3.9.3 Consejos sobre los ajustes de rebanado:

*„Curved Wine Holder w cutout":*
(**Duración: ~ 6,5 h**)

- **Color: p.ej. oro**
- Espesor de la capa: 0.2 mm
- Densidad de llenado: 20 %
- Permitir el alisado: sí
- **Estructura de soporte: sí (Ángulo: 60°, Densidad: 15 %) ver *Fig. 33***
- Adhesión: Brim (Ancho: 6 mm; Líneas: 15; dentro de: sí)

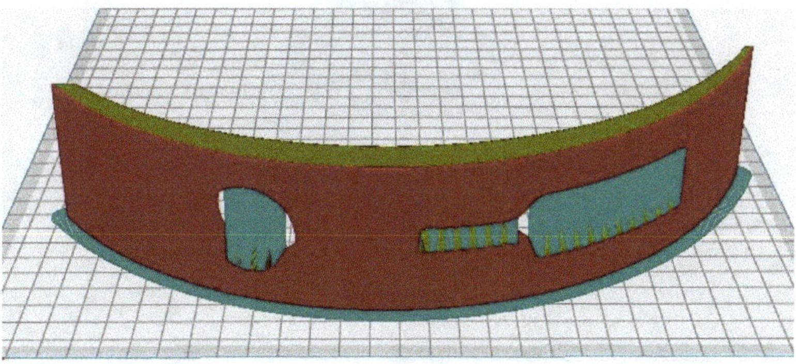

*Figura 33: Ilustración de la estructura de soporte (representación en capas)*

## 3.10 Cascanueces (nuez)

### 3.10.1 Descripción general:

**Dificultad*:**

**Duración:** **~ 6 h**

**Material:** **~ 70 g**

---

***Descarga gratuita: Thingiverse***

*Buscar: „working nutcracker“*

*Diseñador: „RenatoT“*

*Enlace de descarga:* [https://www.thingiverse.com/thing:600723](https://www.thingiverse.com/thing:600723)

**Material adicional:** ---

* (de )

## 3.10.2 Consejos para editar y posicionar el/los archivo(s):

Rotación de todos los objetos individuales como en la vista en *Fig. 34:*

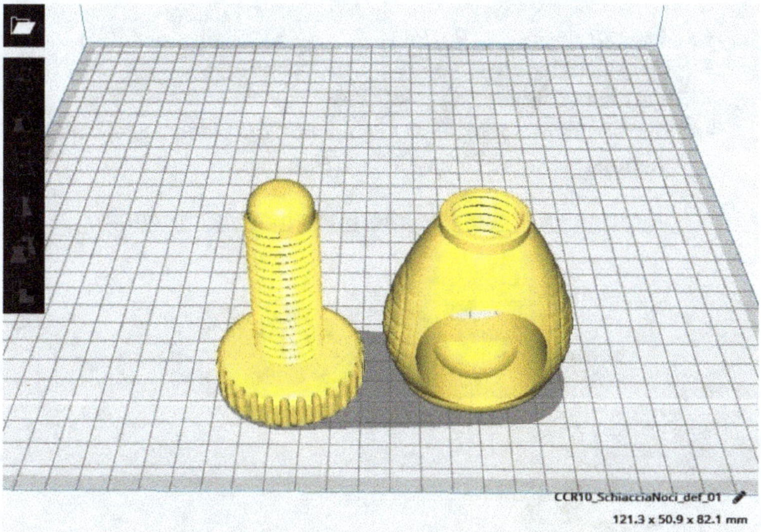


*Figura 34: Vista general de todos los archivos a imprimir (1x cada uno)*

## 3.10.3 Combinación de archivos por trabajo de impresión:

1) „Part1_Ok" ***(Color: p.ej. azul)***
2) „Part2_Ok" ***(Color: p.ej. azul)***

## 3.10.4 Consejos sobre los ajustes de rebanado:

*„Part1_Ok":*
(**Duración: ~ 2,5 h**)

- Espesor de la capa: 0.2 mm
- Densidad de llenado: 35 %
- Permitir el alisado: sí
- Estructura de soporte: no
- Adhesión: Skirt (2 Líneas, 5 mm Distancia)

*„Part2_Ok":*
**(Duración: ~ 3,5 h)**

- Espesor de la capa: 0.2 mm
- Densidad de llenado: 35 %
- Permitir el alisado: sí
- **Estructura de soporte: sí (Ángulo: 60°, Densidad: 15 %) ver *Fig. 35***
- Adhesión: Skirt (2 Líneas, 5 mm Distancia)

### 3.10.5 Colocación en la cama de impresión (por impresión):

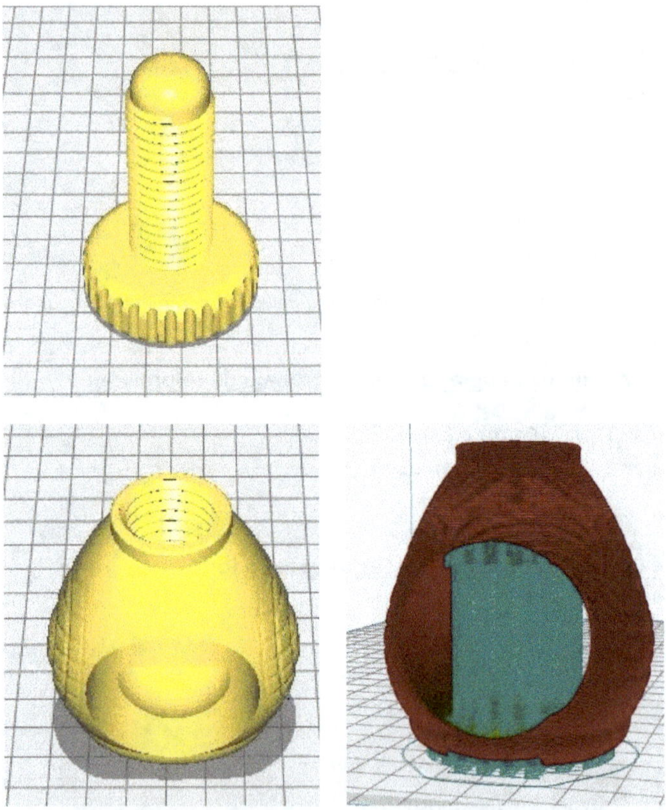

*Figura 35: Cada trabajo de impresión (1 figura = 1 impresión)*

## 3.11 Almohadilla de la taza

### 3.11.1 Descripción general:

**Dificultad*:**
**Duración:** **~ 5 h**
**Material:** **~ 43 g**

---

***Descarga gratuita: Thingiverse***
*Buscar: „office drip mat“*
*Diseñador: „Hunted_One“*
*Enlace de descarga:* [https://www.thingiverse.com/thing:2218288](https://www.thingiverse.com/thing:2218288)
**Material adicional:** ---

* (de )

## 3.11.2 Consejos para editar y posicionar el/los archivo(s):

Rotación de todos los objetos individuales como en la vista en *Fig. 36:*

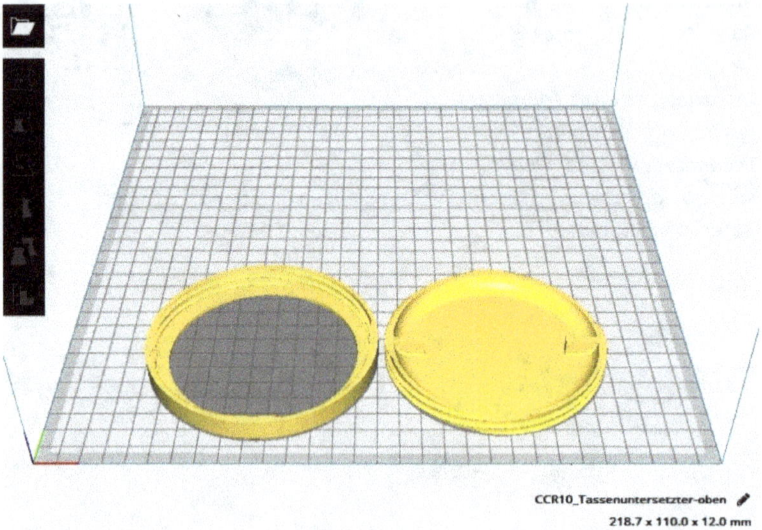


*Figura 36: Vista general de todos los archivos a imprimir (1x cada uno)*

## 3.11.3 Consejos sobre los ajustes de rebanado:

*„Tassenuntersetzer-oben“ & „Tassenuntersetzer-unten“ :*
(**Duración: ~ 5 h**)

- **Color: p.ej. verde**
- Espesor de la capa: 0.16 mm
- Densidad de llenado: 35 %
- Permitir el alisado: no
- Estructura de soporte: no
- Adhesión: Skirt (2 Líneas, 5 mm Distancia)

## 3.12 Abridor de botellas

### 3.12.1 Descripción general:

**Dificultad*:**

**Duración:** **~ 3 h**

**Material:** **~ 21 g**

---

***Descarga gratuita: Thingiverse***

*Buscar: „bottle opener"*

*Diseñador: „Kart5a"*

*Enlace de descarga:* https://www.thingiverse.com/thing:269463

**Material adicional:** Moneda

* (de )

### 3.12.2 Consejos para editar y posicionar el/los archivo(s):

Rotación de todos los objetos individuales como en la vista en *Fig. 37:*

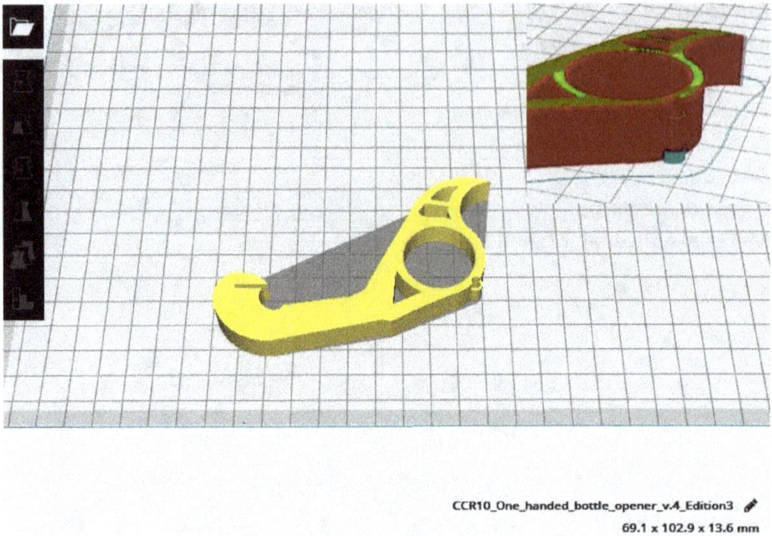


*Figura 37: Vista general de todos los archivos a imprimir (1x cada uno)*

### 3.12.3 Consejos sobre los ajustes de rebanado:

*„One handed bottle opener v.4 Edition3“:*
(**Duración: ~ 3 h**)

- **Color: p.ej. azul**
- Espesor de la capa: 0.12 mm
- Densidad de llenado: 50 %
- Permitir el alisado: sí
- **Estructura de soporte: sí (Ángulo: 60°, Densidad: 15 %) ver *Fig. 37***
- Adhesión: Skirt (2 Líneas, 5 mm Distancia)

## 3.13 Ayuda para abrir la botella PET

### 3.13.1 Descripción general:

**Dificultad*:**

**Duración:** **~ 2 h**

**Material:** **~ 9 g**

---

***Descarga gratuita: Thingiverse***

*Buscar: „pet opener"*

*Diseñador: „EIJIRO"*

*Enlace de descarga:* https://www.thingiverse.com/thing:3067929/files

**Material adicional:** ---

* (de )

## 3.13.2 Consejos para editar y posicionar el/los archivo(s):

Rotación de todos los objetos individuales como en la vista en *Fig. 38:*

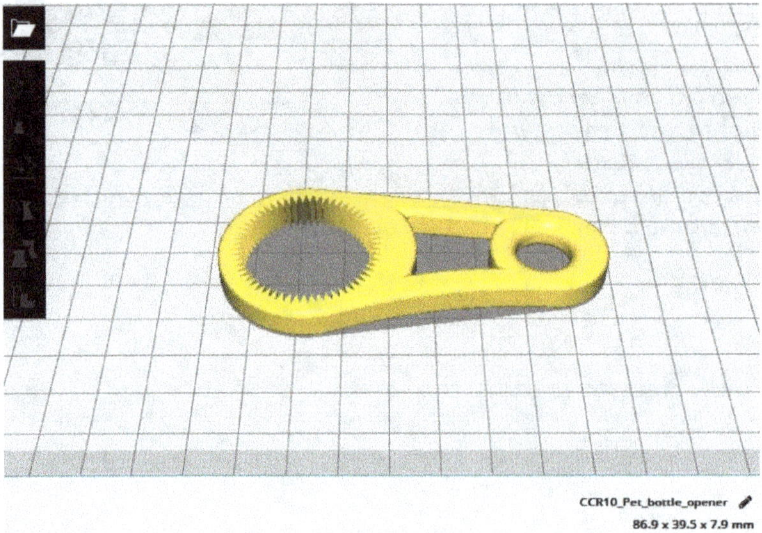


*Figura 38: Vista general de todos los archivos a imprimir (1x cada uno)*

## 3.13.3 Consejos sobre los ajustes de rebanado:

*„Pet bottle opener“:*
(**Duración: ~ 2 h**)

- **Color: p.ej. rojo**
- Espesor de la capa: 0.12 mm
- Densidad de llenado: 50 %
- Permitir el alisado: sí
- Estructura de soporte: no
- Adhesión: Skirt (2 Líneas, 5 mm Distancia)

## 3.14 Asa de transporte de latas

### 3.14.1 Descripción general:

**Dificultad*:**
**Duración:** **~ 4 h**
**Material:** **~ 38 g**

---

***Descarga gratuita: Thingiverse***
*Buscar: „can handle"*
*Diseñador: „ilmandorlone"*
*Enlace de descarga:* https://www.thingiverse.com/thing:992319
**Material adicional:** ---

* (de )

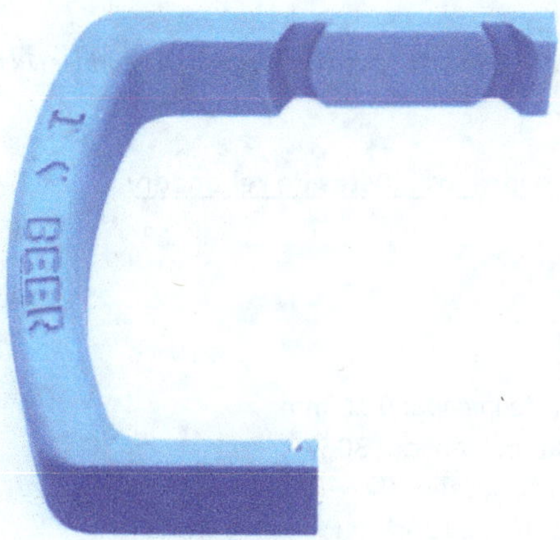

## 3.14.2 Consejos para editar y posicionar el/los archivo(s):

Rotación de todos los objetos individuales como en la vista en *Fig. 39:*

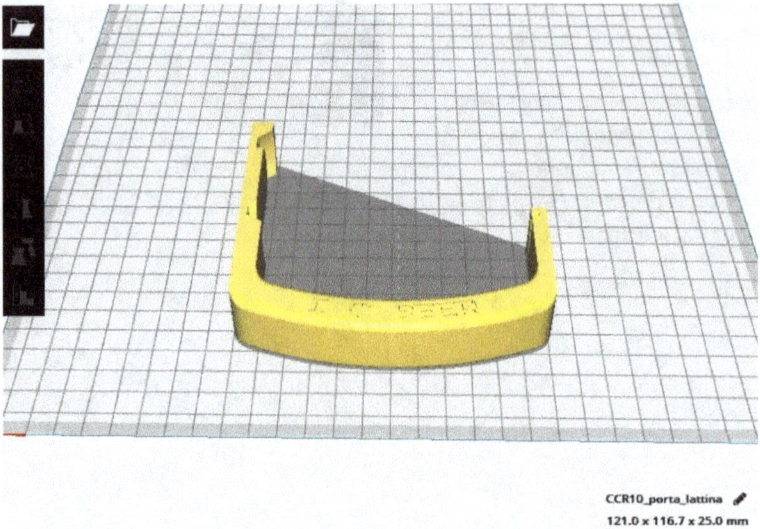


*Figura 39: Vista general de todos los archivos a imprimir (1x cada uno)*

## 3.14.3 Consejos sobre los ajustes de rebanado:

*„porta lattina":*
(**Duración: ~ 4 h**)

- **Color: p.ej. azul**
- Espesor de la capa: 0.16 mm
- Densidad de llenado: 30 %
- Permitir el alisado: sí
- Estructura de soporte: no
- Adhesión: Skirt (2 Líneas, 5 mm Distancia)

# 4 Casa: baño

## 4.1 Peine

### 4.1.1 Descripción general:

**Dificultad*:** 
**Duración:** **~ 1 h**
**Material:** **~ 6 g**

---

***Descarga gratuita: Thingiverse***
*Buscar: „hair comb"*
*Diseñador: „repraporok"*
*Enlace de descarga:* [https://www.thingiverse.com/thing:1140/files](https://www.thingiverse.com/thing:1140/files)
**Material adicional: ---**

* (de )

## 4.1.2 Consejos para editar y posicionar el/los archivo(s):

Posicionándose en la plataforma de impresión como en *Fig. 40:*

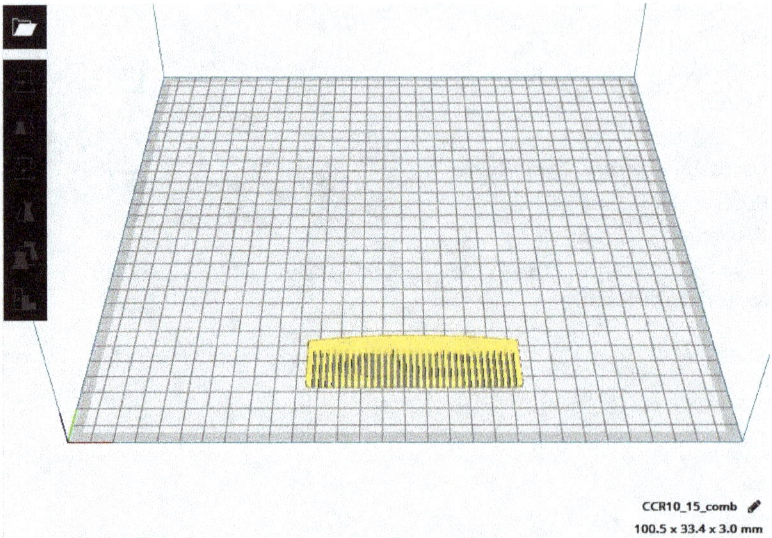


*Figura 40: Vista general de todos los archivos a imprimir (1x cada uno)*

## 4.1.3 Consejos sobre los ajustes de rebanado:

„15_comb":
(**Duración: ~ 1 h**)

- **Color: p.ej. negro**
- Espesor de la capa: 0.12 mm
- Densidad de llenado: 100%
- Permitir el alisado: sí
- Estructura de soporte: sin
- Adhesión: Skirt (2 Líneas, 5 mm Distancia)

## 4.2 Exprimidor de tubos (p.ej. tubos de pasta de dientes)

### 4.2.1 Descripción general:

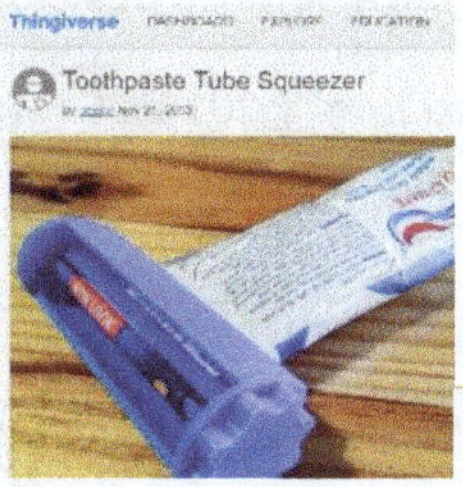


**Dificultad*:**

**Duración:** **~ 3,5 h**

**Material:** **~ 17 g**

---

***Descarga gratuita: Thingiverse***

*Buscar: „tube squeezer"*

*Diseñador: „ottenjr"*

*Enlace de descarga:* [https://www.thingiverse.com/thing:1147252](https://www.thingiverse.com/thing:1147252)

**Material adicional:** ---



* (de )

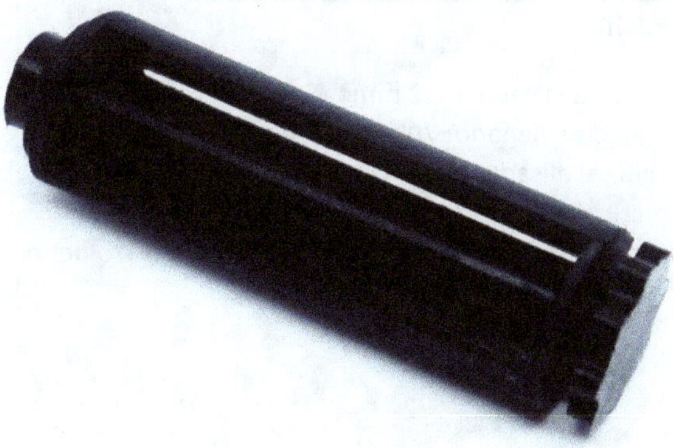

## 4.2.2 Consejos para editar y posicionar el/los archivo(s):

Posicionamiento de „20160204_Toothpaste_Roller_print_Rev_C_fixed“ como en *Fig. 41:*

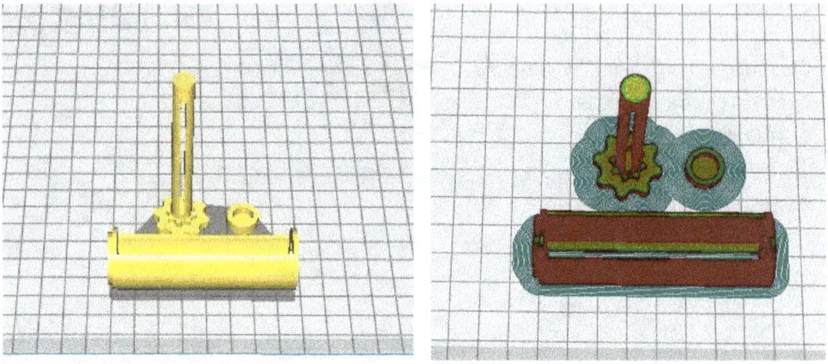

*Figura 41: Vista general de todos los archivos a imprimir*

## 4.2.3 Consejos sobre los ajustes de rebanado:

*„20160204_Toothpaste_Roller_print_Rev_C_fixed“:*
(**Duración: ~ 3,5 h**)

- Espesor de la capa: 0.12 mm
- Densidad de llenado: 70%
- Permitir el alisado: no
- Estructura de soporte: sin
- Adhesión: Brim (Ancho: 8 mm; Líneas: 20; dentro de: no)

# 5 Arte y decoración

## 5.1 Imagen de la pared en 2D: Elefante

### 5.1.1 Descripción general:

**Dificultad*:**
**Duración:** **~ 4,5 h**
**Material:** **~ 30 g**

***Descarga gratuita: Thingiverse***
*Buscar: „low poly elephant"*
*Diseñador: „síyzhengwx"*
*Enlace de descarga:* https://www.thingiverse.com/thing:2710361
**Material adicional:** posiblemente una tabla de madera como fondo

* (de )

## 5.1.2 Consejos para editar y posicionar el/los archivo(s):

Posicionándose en la plataforma de impresión como en *Fig. 42:*

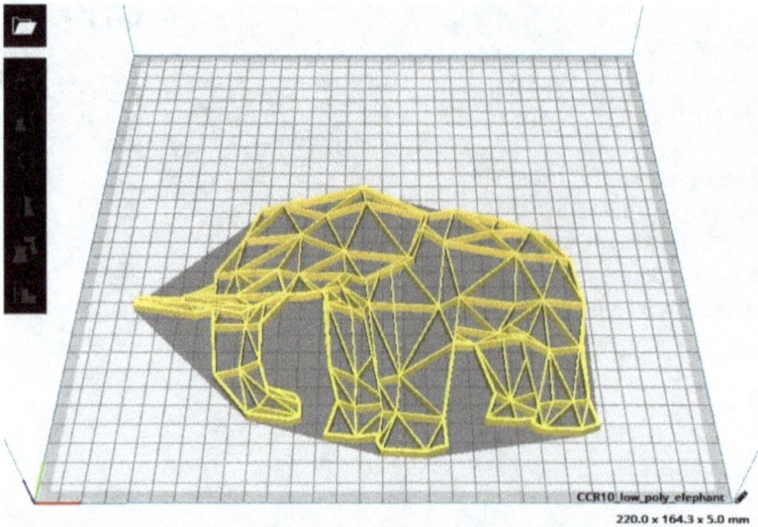


*Figura 42: Vista general de todos los archivos a imprimir (1x cada uno)*

## 5.1.3 Consejos sobre los ajustes de rebanado:

„low_poly_elephant“:
**(Duración: ~ 4,5 h)**

- **Color: p.ej. negro**
- Espesor de la capa: 0.16 mm
- Densidad de llenado: 25%
- Permitir el alisado: sí
- Estructura de soporte: sin
- Adhesión: Skirt (2 Líneas, 5 mm Distancia)

## 5.2 Imagen de pared 2D: árbol

### 5.2.1 Descripción general:

**Dificultad*:**

**Duración:** **~ 4,5 h**

**Material:** **~ 40 g**



***Descarga gratuita: Thingiverse***

*Buscar: „Tree 2D Wall art"*

*Diseñador: „dtm2477"*

*Enlace de descarga:* [https://www.thingiverse.com/thing:3164969](https://www.thingiverse.com/thing:3164969)

**Material adicional:** posiblemente una tabla de madera como fondo

* (de )

## 5.2.2 Consejos para editar y posicionar el/los archivo(s):

Posicionándose en la plataforma de impresión y Escalado como en *Fig. 43:*

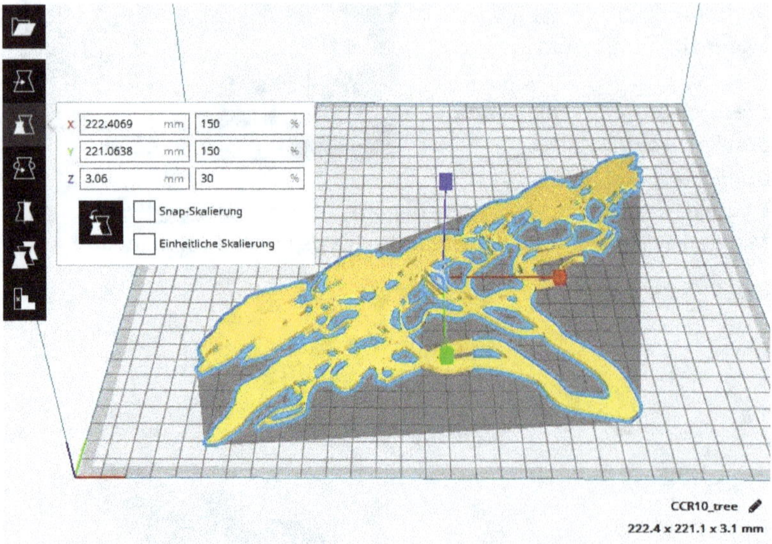


*Figura 43: Vista general de todos los archivos a imprimir (1x cada uno)*

## 5.2.3 Consejos sobre los ajustes de rebanado:

„tree":
(**Duración: ~ 4,5 h**)

- **Color: p.ej. negro**
- **Escala desigual (x: 150%, y: 150%, z: 30%) para un tiempo de impresión más rápido (z) y una imagen más grande (x, y)**
- Espesor de la capa: 0.16 mm
- Densidad de llenado: 50%
- Permitir el alisado: sí
- Estructura de soporte: sin
- Adhesión: Skirt (2 Líneas, 5 mm Distancia)

## 5.3 Cubo (grande)

### 5.3.1 Descripción general:

**Dificultad*:**
**Duración:** ~ 3 h
**Material:** ~ 41 g

---

***Descarga gratuita: Thingiverse***
*Buscar: „big dice"*
*Diseñador: „Radek476"*
*Enlace de descarga:* https://www.thingiverse.com/thing:3376965
**Material adicional:** ---

* (de )

## 5.3.2 Consejos para editar y posicionar el/los archivo(s):

„A5--hraci-kostka-6A“ como en *Fig. 44:*

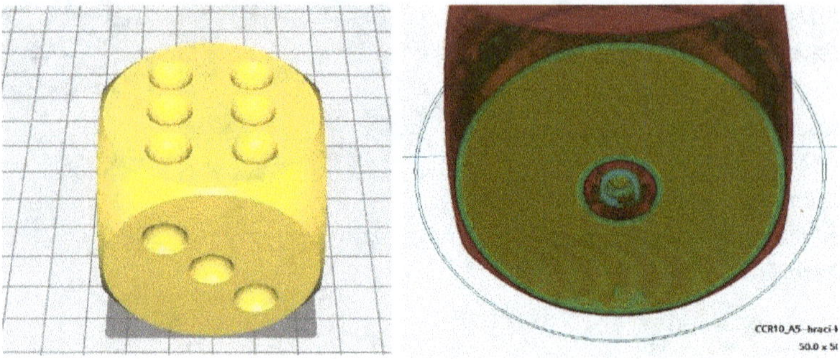

*Figura 44: Vista general de todos los archivos a imprimir*

## 5.3.4 Consejos sobre los ajustes de rebanado:

*„A5--hraci-kostka-6A“:*
(**Duración: ~ 3 h**)

- **Color: p.ej. negro o oro**
- Espesor de la capa: 0.12 mm
- Densidad de llenado: 100%
- Permitir el alisado: sí
- **Estructura de soporte: sí (Ángulo: 60°, Densidad: 15 %) ver *Fig. 44***
- Adhesión: Skirt (2 Líneas, 5 mm Distancia)

## 5.4 Escultura: fantasma con gorro de bruja

### 5.4.1 Descripción general:

**Dificultad*:**
**Duración:** **~ 3,5 h**
**Material:** **~ 20 g**

***Descarga gratuita: Thingiverse***
*Buscar: „hug me ghost"*
*Diseñador: „GreyBeard3D"*
*Enlace de descarga:* *https://www.thingiverse.com/thing:2604075*
**Material adicional:** ---

* (de )

## 5.4.2 Consejos para editar y posicionar el/los archivo(s):

Rotación de todos los objetos individuales como en la vista en *Fig. 45:*

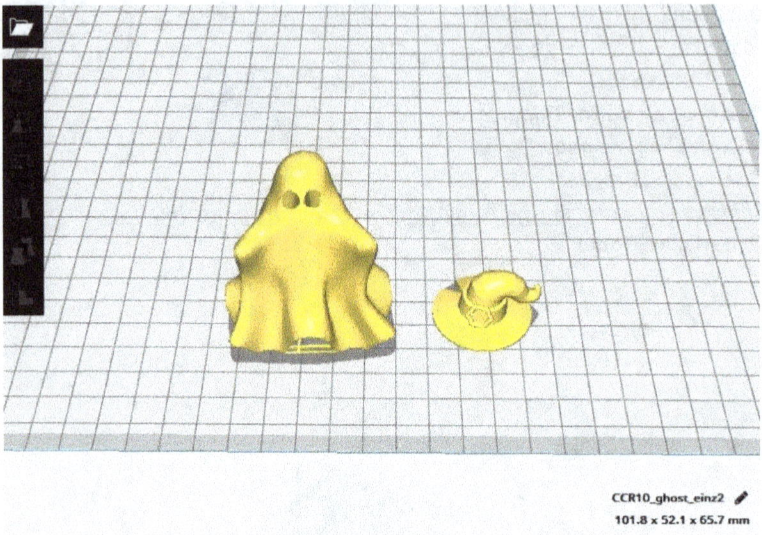


*Figura 45: Vista general de todos los archivos a imprimir (1x cada uno)*

## 5.4.3 Combinación de archivos por trabajo de impresión:

3) „Ghost_Remix" ***(Color: p.ej. blanco)***
4) „Witch_Hat_Remix" ***(Color: p.ej. negro)***

## 5.4.4 Consejos sobre los ajustes de rebanado:

*„Ghost_Remix":*
(**Duración: ~ 3 h**)

- Espesor de la capa: 0.16 mm
- Densidad de llenado: 25%
- Permitir el alisado: no
- **Estructura de soporte: sí (Ángulo: 60°, Densidad: 15 %) ver *Fig. 46***
- Adhesión: Brim (Ancho: 6 mm; Líneas: 15; dentro de: sí)

„Witch Hat Remix":
**(Duración: ~ 0,5 h)**

- Espesor de la capa: 0.16 mm
- Densidad de llenado: 25%
- Permitir el alisado: no
- **Estructura de soporte: sí (Ángulo: 60°, Densidad: 15 %) ver *Fig. 46***
- Adhesión: Skirt (2 Líneas, 5 mm Distancia)

## 5.4.5 Colocación en la cama de impresión (por impresión):

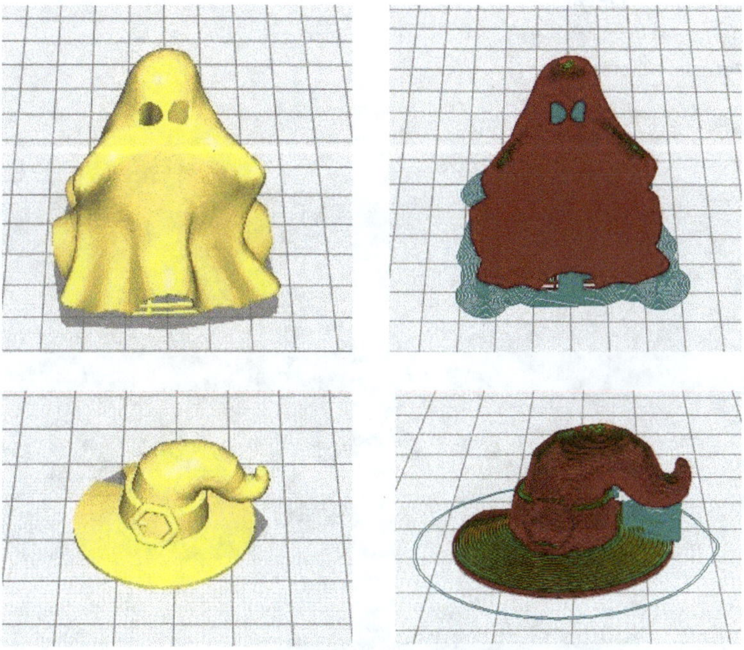

*Figura 46: Cada trabajo de impresión (1 figura = 1 impresión)*

## 5.5 Escultura: tigre de dientes de sable

### 5.5.1 Descripción general:

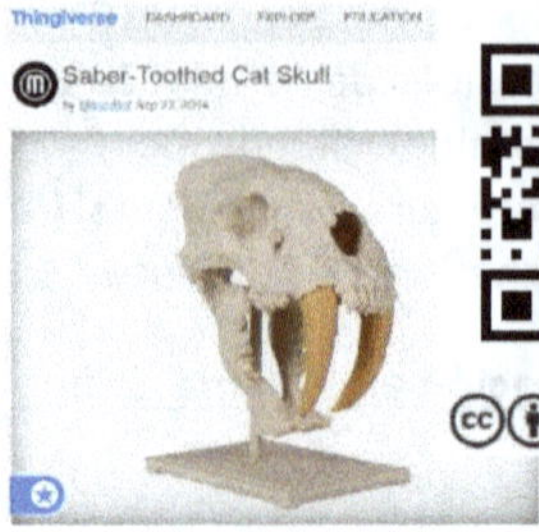


**Dificultad*:** +
**Duración:** ~ 14 h
**Material:** ~ 87 g

---

***Descarga gratuita: Thingiverse***
*Buscar: „saber-toothed cat"*
*Diseñador: „MakerBot"*
*Enlace de descarga: https://www.thingiverse.com/thing:472463*
**Material adicional:** ---

* (de )

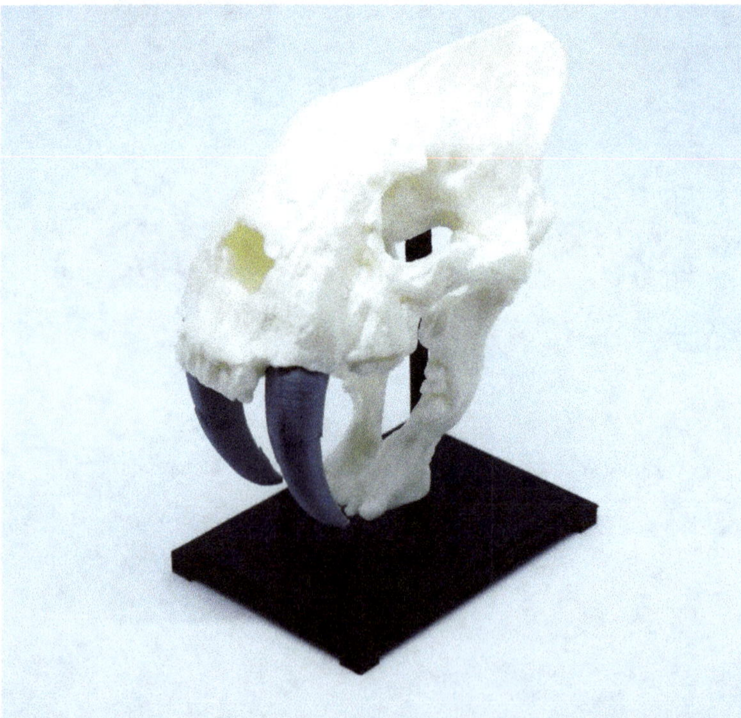

## 5.5.2 Consejos para editar y posicionar el/los archivo(s):

Rotación de todos los objetos individuales como en la vista en *Fig. 47:*

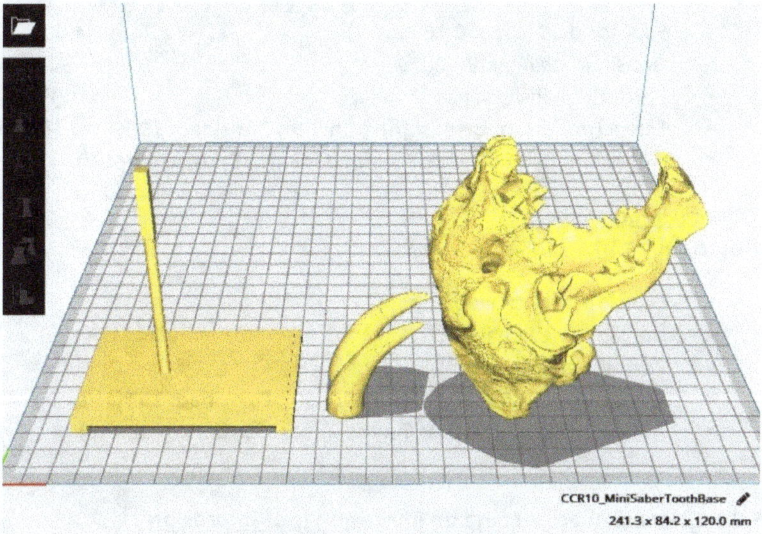


*Figura 47: Vista general de todos los archivos a imprimir (1x cada uno)*

## 5.5.3 Combinación de archivos por trabajo de impresión:

1) „MiniSaberToothBase" ***(Color: p.ej. negro)***
2) „MiniSaberToothSkull" ***(Color: p.ej. blanco)***
3) „MiniSaberToothSabers" ***(Color: p.ej. gris)***

## 5.5.4 Consejos sobre los ajustes de rebanado:

*„MiniSaberToothBase" :*
**(Duración: ~ 2,5 h)**

- Espesor de la capa: 0.16 mm
- Densidad de llenado: 20 %
- Permitir el alisado: sí
- Estructura de soporte: no
- Adhesión: Skirt (2 Líneas, 5 mm Distancia)

*„MiniSaberToothSkull":*
**(Duración: ~ 10,5 h)**

- Espesor de la capa: 0.16 mm
- Densidad de llenado: 20 %
- Permitir el alisado: no
- **Estructura de soporte: sí (Ángulo: 60°, Densidad: 15 %) ver *Fig. 48***
- **Adhesión: Brim (Ancho: 15 mm; Líneas: 38; dentro de: sí)**

*„MiniSaberToothSabers":*
**(Duración: ~ 1 h)**

- Espesor de la capa: 0.16 mm
- Densidad de llenado: 20 %
- Permitir el alisado: no
- **Estructura de soporte: sí (Ángulo: 60°, Densidad: 15 %) ver *Fig. 48***
- **Adhesión: Brim (Ancho: 6 mm; Líneas: 15; dentro de: no)**

## 5.5.5 Colocación en la cama de impresión (por impresión):

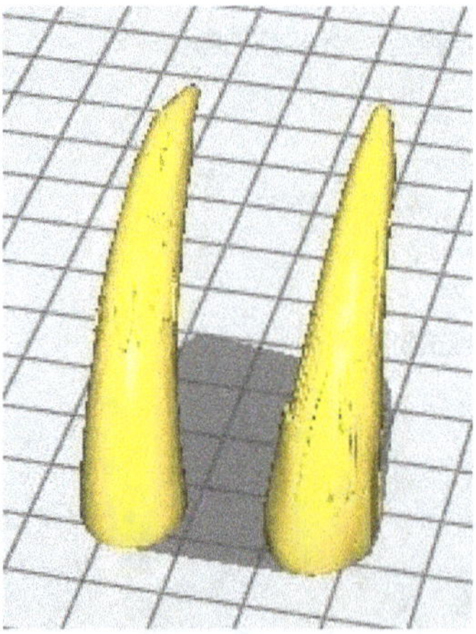

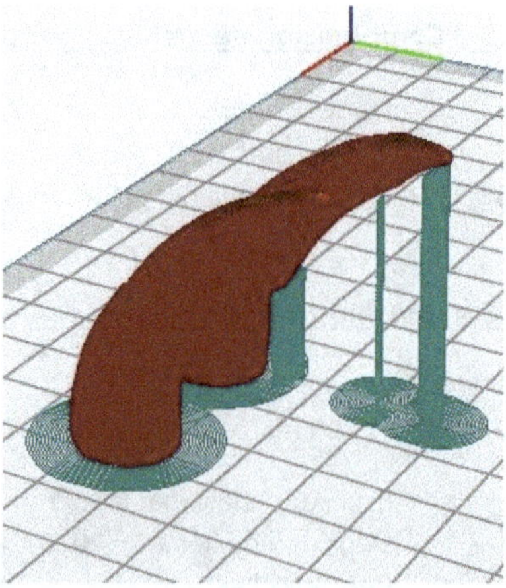

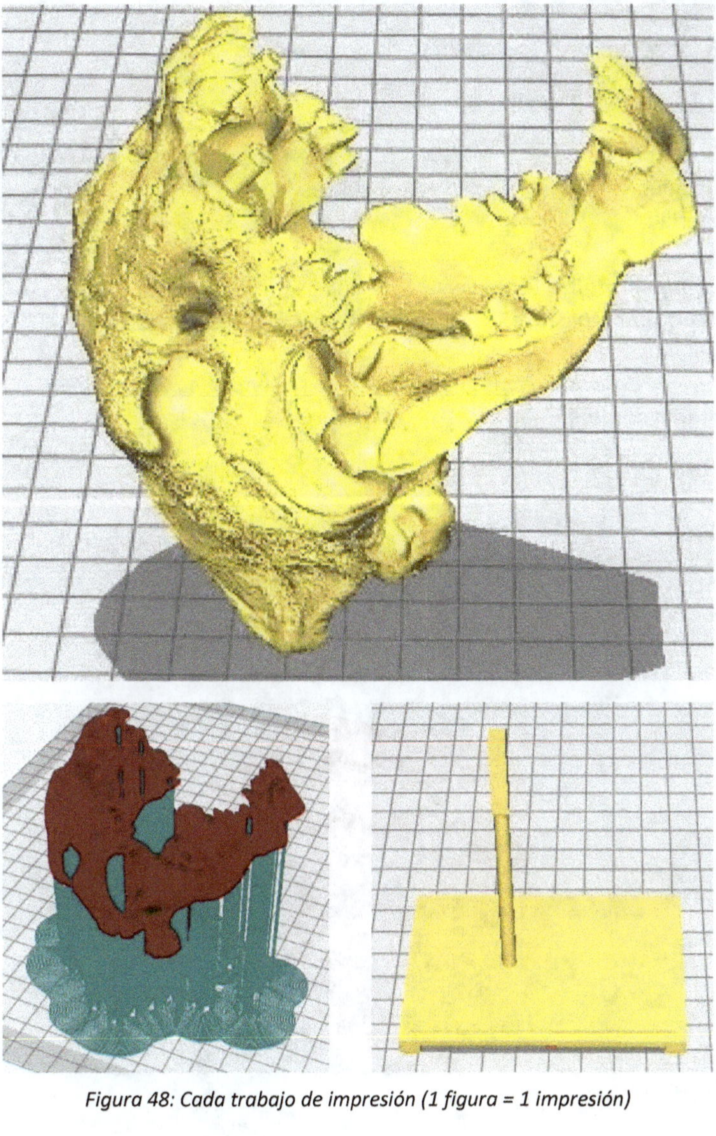

*Figura 48: Cada trabajo de impresión (1 figura = 1 impresión)*

## 5.6 Decoración: Rosa (flor)

### 5.6.1 Descripción general:

**Dificultad*:**
**Duración:** **~ 2 h**
**Material:** **~ 5 g**



***Descarga gratuita: Thingiverse***
*Buscar: „printable rose"*
*Diseñador: „Jerrill"*
*Enlace de descarga:* [https://www.thingiverse.com/thing:283738/files](https://www.thingiverse.com/thing:283738/files)
**Material adicional:** ---

* (de )

## 5.6.2 Consejos para editar y posicionar el/los archivo(s):

Rotación de todos los objetos individuales como en la vista en *Fig. 49:*

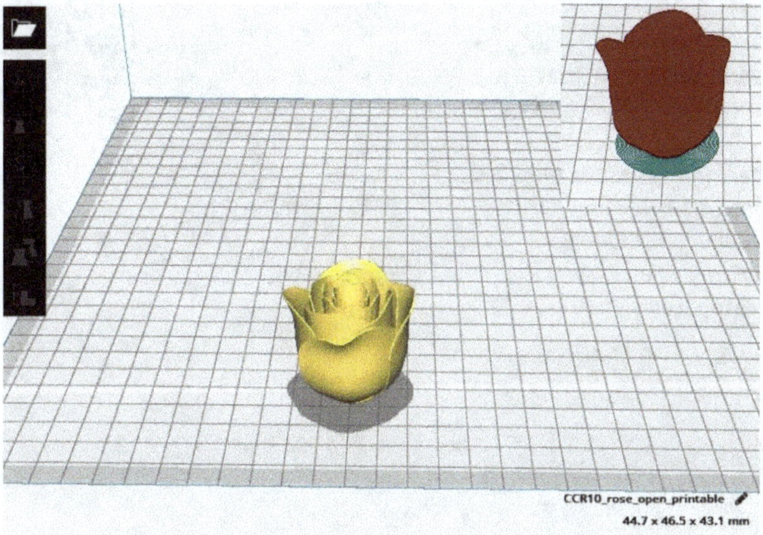


*Figura 49: Vista general de todos los archivos a imprimir (1x cada uno)*

## 5.6.3 Consejos sobre los ajustes de rebanado:

*„rose open printable":*
(**Duración: ~ 2 h**)

- **Color: p.ej. rojo**
- Espesor de la capa: 0.12 mm
- Densidad de llenado: 100 %
- Permitir el alisado: no
- Estructura de soporte: no
- **Adhesión: Brim (Ancho: 10 mm; Líneas: 25; dentro de: no)**

## 5.7 Escultura: Cráneo de T-Rex

### 5.7.1 Descripción general:

**Dificultad*:** +
**Duración:** ~ 21,5 h
**Material:** ~ 203 g

---

***Descarga gratuita: Thingiverse***
*Buscar: „T-Rex Skull"*
*Diseñador: „MakerBot"*
*Enlace de descarga:* https://www.thingiverse.com/thing:308335
**Material adicional:** ---

* (de )

## 5.7.2 Consejos para editar y posicionar el/los archivo(s):

Rotación de todos los objetos individuales como en la vista en *Fig. 50:*

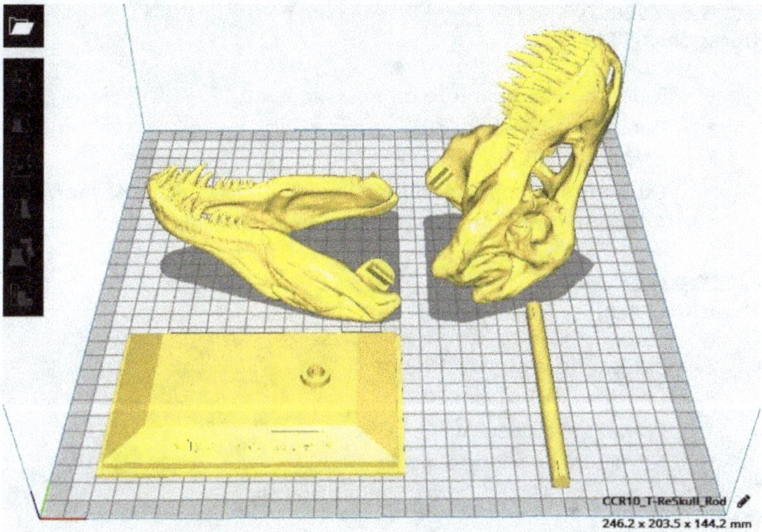


*Figura 50: Vista general de todos los archivos a imprimir (1x cada uno)*

## 5.7.3 Combinación de archivos por trabajo de impresión:

1) „T-RexSkull_Skull“ ***(Color: p.ej. blanco)***
2) „T-RexSkull_Síw“ ***(Color: p.ej. blanco)***
3) „T-RexSkull_Base“ ***(Color: p.ej. gris)***
4) „T-RexSkull_Rod“ ***(Color: p.ej. gris)***

## 5.7.4 Consejos sobre los ajustes de rebanado:

*„T-RexSkull Skull“ :*
(**Duración: ~ 11 h**)

- Espesor de la capa: 0.16 mm
- Densidad de llenado: 20 %
- Permitir el alisado: no
- **Estructura de soporte: sí (Ángulo: 60°, Densidad: 15 %) ver *Fig. 51***

- **Adhesión: Brim (Ancho: 10 mm; Líneas: 25; dentro de: sí)**

*„T-RexSkull Síw":*
**(Duración: ~ 5 h)**

- Espesor de la capa: 0.16 mm
- Densidad de llenado: 20 %
- Permitir el alisado: no
- **Estructura de soporte: sí (Ángulo: 60°, Densidad: 15 %) ver *Fig. 51***
- **Adhesión: Brim (Ancho: 10 mm; Líneas: 25; dentro de: )**

*„T-Rex Base":*
**(Duración: ~ 5 h)**

- Espesor de la capa: 0.16 mm
- Densidad de llenado: 20 %
- Permitir el alisado: sí
- Estructura de soporte: no
- Adhesión: Skirt (2 Líneas, 5 mm Distancia)

*„T-Rex Rod":*
**(Duración: ~ 0,5 h)**

- Espesor de la capa: 0.16 mm
- Densidad de llenado: 20 %
- Permitir el alisado: no
- **Estructura de soporte: sí (Ángulo: 60°, Densidad: 15 %) ver *Fig. 51***
- **Adhesión: Brim (Ancho: 10 mm; Líneas: 25; dentro de: sí)**

## 5.7.5 Colocación en la cama de impresión (por impresión):

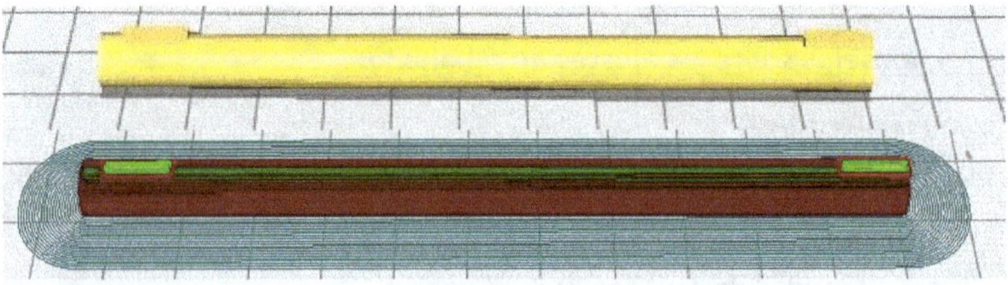

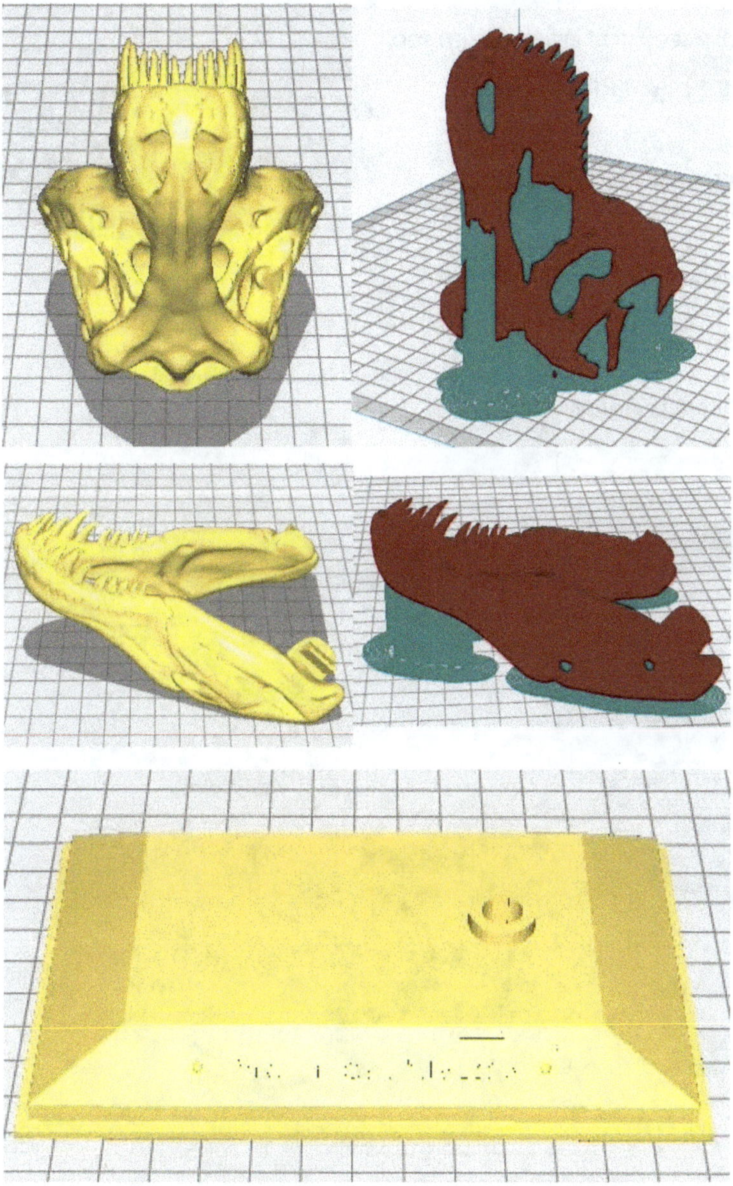

*Figura 51: Cada trabajo de impresión (1 figura = 1 impresión)*

## 5.8 Escultura: cráneo humano

### 5.8.1 Descripción general:

**Dificultad*:** 
**Duración:** **~ 11 h**
**Material:** **~ 245 g**

---

***Descarga gratuita: Thingiverse***
*Buscar: „Human Skull“*
*Diseñador: „MakerBot“*
*Enlace de descarga: https://www.thingiverse.com/thing:622390*
**Material adicional:** ---

* (de )

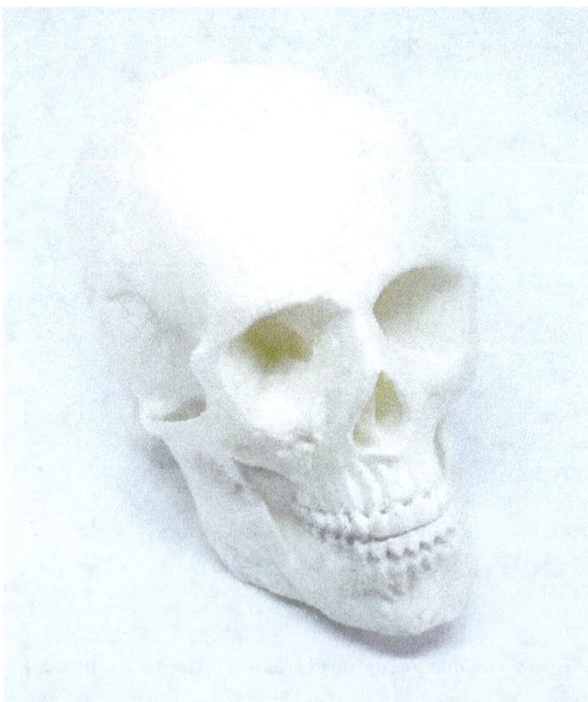

## 5.8.2 Consejos para editar y posicionar el/los archivo(s):

Rotación de todos los objetos individuales como en la vista en *Fig. 52:*

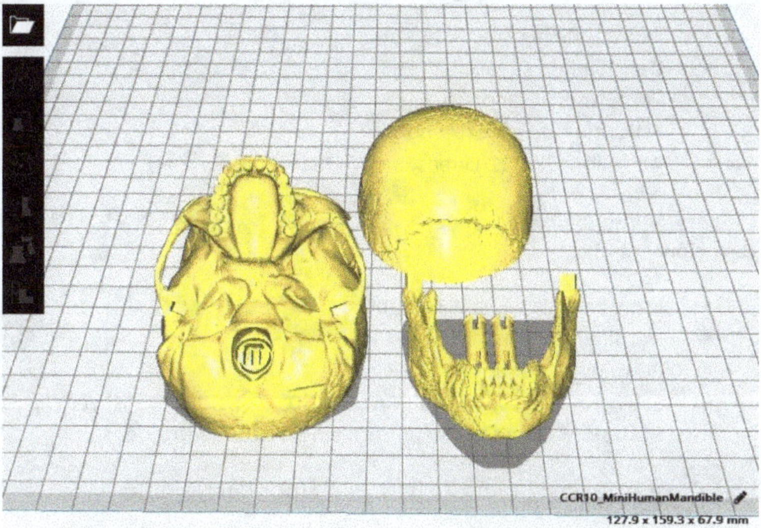


*Figura 52: Vista general de todos los archivos a imprimir (1x cada uno)*

## 5.8.3 Combinación de archivos por trabajo de impresión:

3) „MiniHumanSkull1" ***(Color: p.ej. blanco)***
4) „MiniHumanSkull2" ***(Color: p.ej. blanco)***
5) „MiniHumanMandible" ***(Color: p.ej. blanco)***

¡Para el tamaño humano original todas las partes deben ser escaladas al 240 %!

## 5.8.4 Consejos sobre los ajustes de rebanado:

*„MiniHumanSkull1" :*
**(Duración: ~ 5 h)**

- Espesor de la capa: 0.16 mm
- Densidad de llenado: 25 %
- Permitir el alisado: no
- Estructura de soporte: no
- Adhesión: Skirt (2 Líneas, 5 mm Distancia)

*„MiniHumanSkull2“:*
**(Duración: ~ 4 h)**

- Espesor de la capa: 0.16 mm
- Densidad de llenado: 25 %
- Permitir el alisado: no
- Estructura de soporte: no
- Adhesión: Skirt (2 Líneas, 5 mm Distancia)

*„MiniHumanMandible“:*
**(Duración: ~ 2 h)**

- Espesor de la capa: 0.16 mm
- Densidad de llenado: 25 %
- Permitir el alisado: no
- **Estructura de soporte: sí (Ángulo: 60°, Densidad: 15 %) ver *Fig. 53***
- **Adhesión: Brim (Ancho: 8 mm; Líneas: 20; dentro de: sí)**

## 5.8.5 Colocación en la cama de impresión (por impresión):

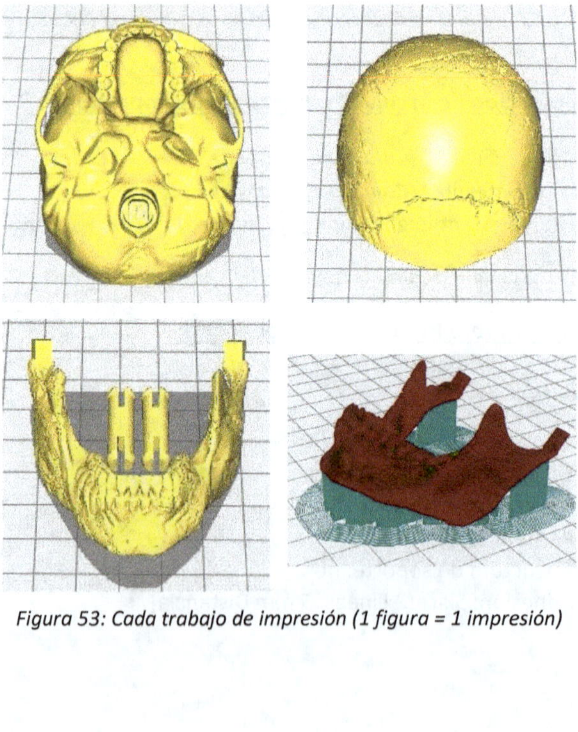

*Figura 53: Cada trabajo de impresión (1 figura = 1 impresión)*

## 5.9 Escultura: estatua de un perro

### 5.9.1 Descripción general:

**Dificultad*:** +
**Duración:** ~ 3,5 h
**Material:** ~ 22 g

---

***Descarga gratuita: Thingiverse***
*Buscar: „low poly dog"*
*Diseñador: „AndrewSink"*
*Enlace de descarga: [https://www.thingiverse.com/thing:2797399](https://www.thingiverse.com/thing:2797399)*
**Material adicional:** ---

* (de )

## 5.9.2 Consejos para editar y posicionar el/los archivo(s):

Rotación de todos los objetos individuales como en la vista en *Fig. 54:*

*Figura 54: Vista general de todos los archivos a imprimir (1x cada uno)*

## 5.9.3 Consejos sobre los ajustes de rebanado:

*„Low Poly Dog“:*
**(Duración: ~ 3,5 h)**

- **Color: p.ej. blanco**
- Espesor de la capa: 0.16 mm
- Densidad de llenado: 20 %
- Permitir el alisado: no
- **Estructura de soporte: sí (Ángulo: 60°, Densidad: 15 %) ver *Fig. 54***
- **Adhesión: Brim (Ancho: 8 mm; Líneas: 20; dentro de: sí)**

## 5.10 Escultura: estatua de un caballo

### 5.10.1 Descripción general:

**Dificultad*:** ++
**Duración:** ~ 6,5 h
**Material:** ~ 55 g

---

***Descarga gratuita: Thingiverse***
*Buscar: „low poly horse“*
*Diseñador: „chemlife“*
*Enlace de descarga:* https://www.thingiverse.com/thing:925638
**Material adicional:** ---

* (de )

## 5.10.2 Consejos para editar y posicionar el/los archivo(s):

Rotación de todos los objetos individuales como en la vista en *Fig. 55:*

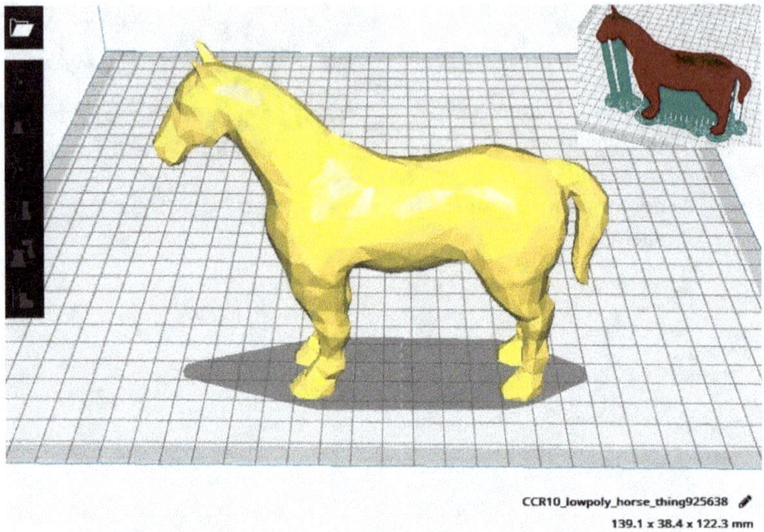


*Figura 55: Vista general de todos los archivos a imprimir (1x cada uno)*

## 5.10.3 Consejos sobre los ajustes de rebanado:

*„aaaaaHorse_t2":*
(**Duración: ~ 6,5 h**)

- **Color: p.ej. blanco**
- Espesor de la capa: 0.16 mm
- Densidad de llenado: 20 %
- Permitir el alisado: no
- **Estructura de soporte: sí (Ángulo: 60°, Densidad: 15 %) ver *Fig. 55***
- **Adhesión: Brim (Ancho: 8 mm; Líneas: 20; dentro de: sí)**

## 5.11 Jarrón (diseño de panal)

### 5.11.1 Descripción general:

**Dificultad*:** +
**Duración:** ~ 4 h
**Material:** ~ 24 g

***Descarga gratuita: Thingiverse***
*Buscar: „honeycomb vase"*
*Diseñador: „eggnot"*
*Enlace de descarga:* [https://www.thingiverse.com/thing:2376777](https://www.thingiverse.com/thing:2376777)
**Material adicional:** ---

* (de )

## 5.11.2 Consejos para editar y posicionar el/los archivo(s):

Rotación de todos los objetos individuales como en la vista en *Fig. 56:*

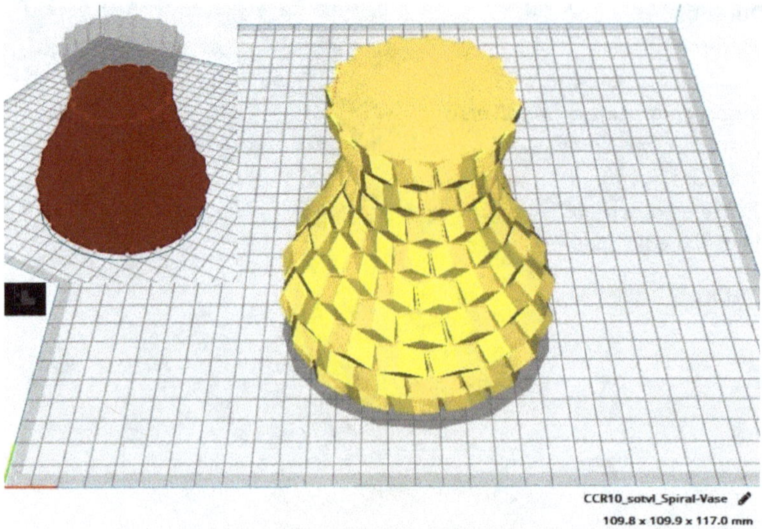


*Figura 56: Vista general de todos los archivos a imprimir (1x cada uno)*

## 5.11.3 Consejos sobre los ajustes de rebanado:

*„sotvl Spiral-Vase“:*
(**Duración: ~ 4 h**)

- **Color: p.ej. oro**
- **Espiralización de los contornos exteriores (modo jarrón): en**
- **¡No es impermeable en modo jarrón! (opcional usar los otros archivos sin el modo de jarrón)**
- Espesor de la capa: 0.12 mm
- Densidad de llenado: --
- Permitir el alisado: no
- Estructura de soporte: no
- Adhesión: Skirt (2 Líneas, 5 mm Distancia)

# 6 Juguetes y juegos de mesa

## 6.1 "Cuatro victorias"

### 6.1.1 Descripción general:

**Dificultad*:**

**Duración:** **~ 5,5 h**

**Material:** **~ 33 g**

---

***Descarga gratuita: Thingiverse***

*Buscar: „4 in a row“*

*Diseñador: „Tibuwi“*

*Enlace de descarga:* [https://www.thingiverse.com/thing:3469041/files](https://www.thingiverse.com/thing:3469041/files)

**Material adicional:** ---

* (de )

## 6.1.2 Consejos para editar y posicionar el/los archivo(s):

Rotación de todos los objetos individuales como en la vista en *Fig. 57:*

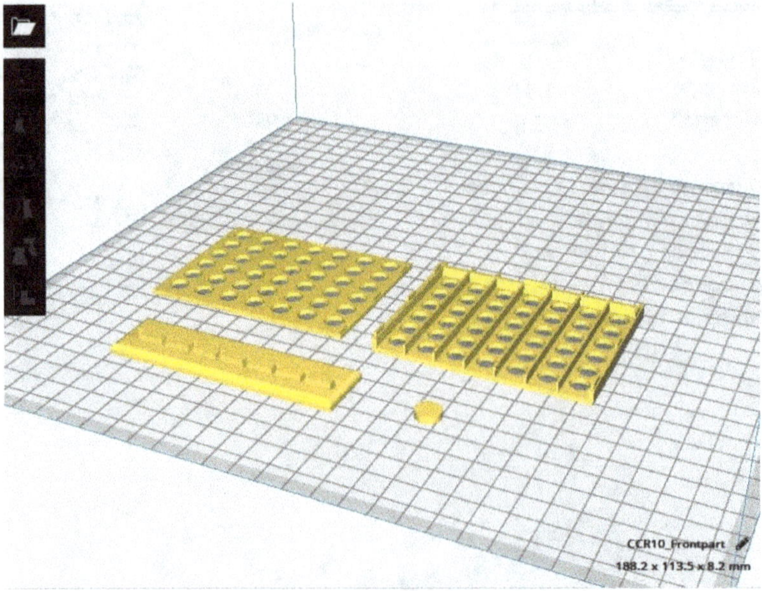


*Figura 57: Vista general de todos los archivos a imprimir (1x cada uno)*

## 6.1.3 Combinación de archivos por trabajo de impresión:

1) „Frontpart" & „Backpart" ***(Color: p.ej. negro)***
2) „Stand" ***(Color: p.ej. azul)***
3) „Gamechips" ***(Color: p.ej. oro & verde)***

## 6.1.4 Consejos sobre los ajustes de rebanado:

*„Frontpart" & „Backpart":*
(**Duración: ~ 3,5 h**)

- Espesor de la capa: 0.16 mm
- Densidad de llenado: 20%
- Permitir el alisado: sí
- Estructura de soporte: sin
- Adhesión: Skirt (2 Líneas, 5 mm Distancia)

*„Stand":*
**(Duración: ~ 1 h)**

- Espesor de la capa: 0.16 mm
- Densidad de llenado: 20%
- Permitir el alisado: sí
- Estructura de soporte: sin
- Adhesión: Skirt (2 Líneas, 5 mm Distancia)

*„Gamechips":*
**(Duración: total ~ 1 h)**

- **Cantidad: 21 Pieza por Color**
- Espesor de la capa: 0.12 mm
- Densidad de llenado: 30%
- Permitir el alisado: sí
- Estructura de soporte: sin
- Adhesión: Skirt (2 Líneas, 5 mm Distancia)

## 6.1.5 Colocación en la cama de impresión (por impresión):

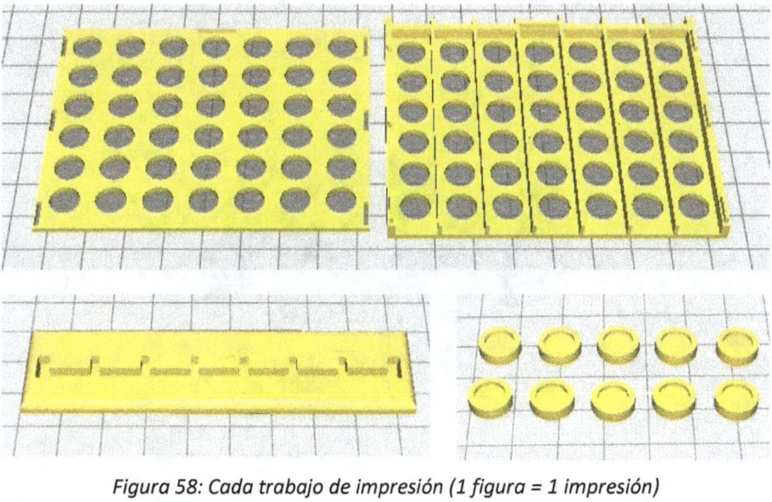

*Figura 58: Cada trabajo de impresión (1 figura = 1 impresión)*

## 6.2 "Air-Spinner"

### 6.2.1 Descripción general:

**Dificultad*:**
**Duración:** ~ 3 h
**Material:** ~ 14 g

***Descarga gratuita: Thingiverse***
*Buscar: „air spinner“*
*Diseñador: „walter“*
*Enlace de descarga: https://www.thingiverse.com/thing:2823006*
**Material adicional:** ---

* (de )

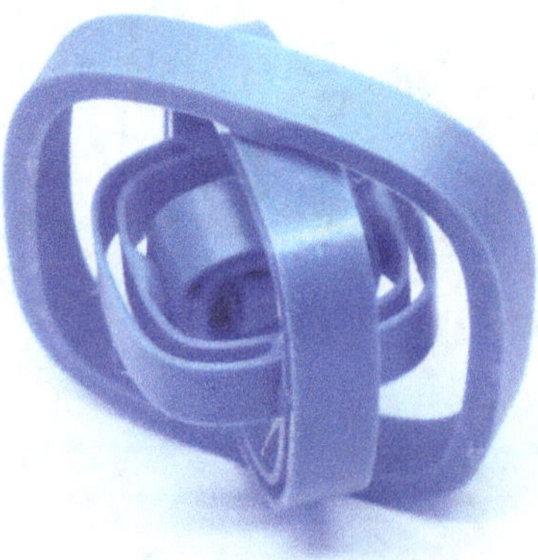

## 6.2.2 Consejos para editar y posicionar el/los archivo(s):

p.ej. „Air_Spinner_2_-_Hollow" como en *Fig. 59:*

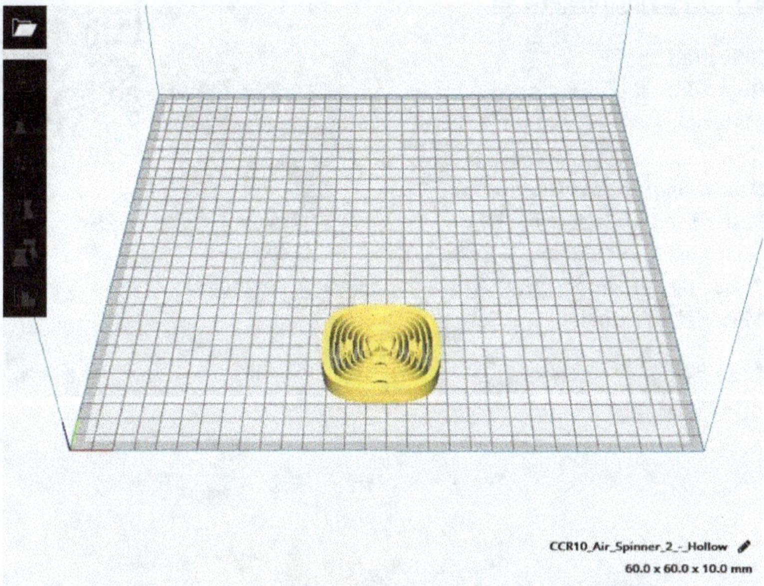


*Figura 59: Vista general de todos los archivos a imprimir (1x cada uno)*

## 6.2.3 Consejos sobre los ajustes de rebanado:

„ Air Spinner 2 - Hollow ":
**(Duración: ~ 3 h)**

- **Color: p.ej. azul**
- Espesor de la capa: 0.12 mm
- Densidad de llenado: 20%
- Permitir el alisado: sí
- Estructura de soporte: sin
- Adhesión: Skirt (2 Líneas, 5 mm Distancia)

## 6.3 Rompecabezas: Mundo animal

### 6.3.1 Descripción general:

**Dificultad*:**

**Duración:** **~ 5,5 h**

**Material:** **~ 53 g**

***Descarga gratuita: Thingiverse***

*Buscar: „animals puzzle"*

*Diseñador: „guss67"*

*Enlace de descarga:* [https://www.thingiverse.com/thing:2777352](https://www.thingiverse.com/thing:2777352)

**Material adicional:** ---

* (de )

### <u>6.3.2 Consejos para editar y posicionar el/los archivo(s):</u>

Posicionándose en la plataforma de impresión y Escalado como en *Fig. 60:*

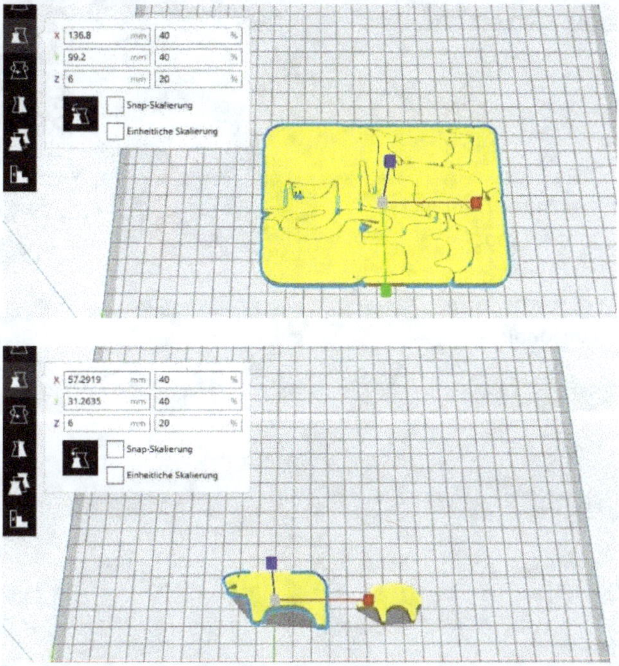


*Figura 60: Vista general de todos los archivos a imprimir (1x cada uno)*

### <u>6.3.3 Consejos sobre los ajustes de rebanado:</u>

<u>„animals puzzle“ *(completo, monocromo) o individualmente (multicolor):*</u>
**(Duración: total ~ 5,5 h)**

- **Color: por Animal (o por 2 Animale) un color diferente o un color para el archivo completo**
- **Escalado no estándar de todos los animales (x: 40% , y: 40%, z: 20%) para un tiempo de impresión más rápido (z) y un formato más pequeño (x, y)**
- Espesor de la capa: 0.16 mm
- Densidad de llenado: 25 %
- Permitir el alisado: sí
- Estructura de soporte: sin
- Adhesión: Skirt (2 Líneas, 5 mm Distancia)

## 6.4 Nudo gordiano

### 6.4.1 Descripción general:

**Dificultad*:**
**Duración:** ~ 4,5 h
**Material:** ~ 45 g

---

***Descarga gratuita: Thingiverse***
*Buscar: „gordian knot"*
*Diseñador: „Lenbok"*
*Enlace de descarga: [https://www.thingiverse.com/thing:11204](https://www.thingiverse.com/thing:11204)*
**Material adicional:** ---

* (de )

## 6.4.2 Consejos para editar y posicionar el/los archivo(s):

Posicionándose en la plataforma de impresión y Escalado como en *Fig. 61:*

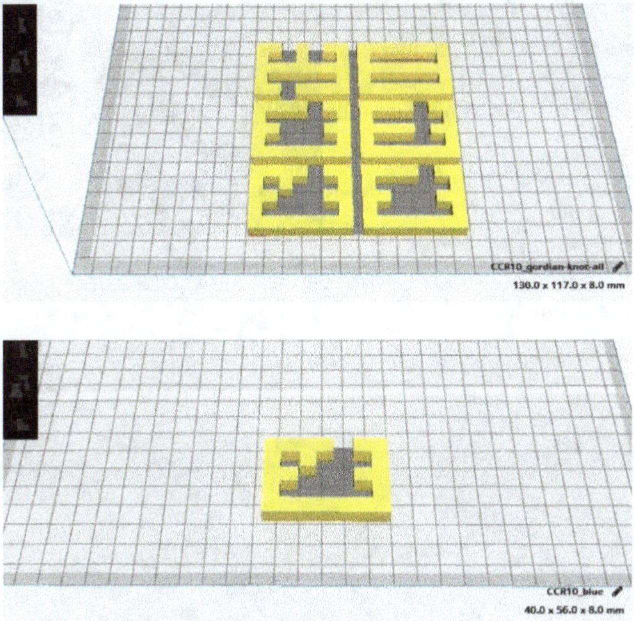


*Figura 61: Vista general de todos los archivos a imprimir (1x cada uno)*

## 6.4.3 Consejos sobre los ajustes de rebanado:

„gordian-knot-all" *(completo, monocolor) o individualmente (multicolor):*
**(Duración: total ~ 5,5 h)**

- **Color: por parte (o por 2 partes) otro color o un color para el archivo completo**
- Espesor de la capa: 0.16 mm
- Densidad de llenado: 20 %
- Permitir el alisado: sí
- Estructura de soporte: sin
- Adhesión: Skirt (2 Líneas, 5 mm Distancia)

## 6.5 Juego de mesa: Ajedrez (curvo)

### 6.5.1 Descripción general:

**Dificultad*:** +
**Duración:** ~ 90 h
**Material:** ~ 1100 g

---

***Descarga gratuita: Thingiverse***
*Buscar: „wobbly chess“*
*Diseñador: „MikeyB“*
*Enlace de descarga: [https://www.thingiverse.com/thing:53604](https://www.thingiverse.com/thing:53604)*
**Material adicional:** ---

* (de )

## 6.5.2 Consejos para editar y posicionar el/los archivo(s):

Rotación de todos los objetos individuales como en la vista en *Fig. 62:*

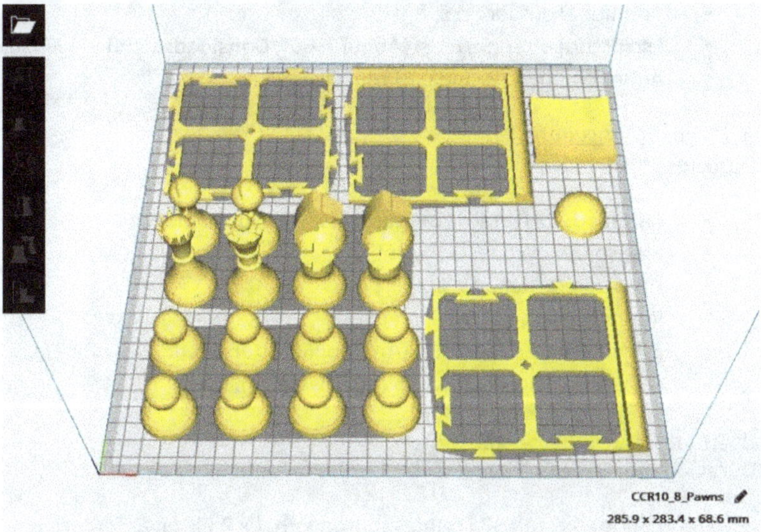


*Figura 62: Vista de todos los archivos a imprimir (se muestra sólo 1 vez cada uno)*

## 6.5.3 Combinación de archivos por trabajo de impresión:

1) „Pieces_x_8_support" (Figuras) ***(2x; p.ej. 1x negro & 1x blanco)***
2) „8_Pawns" (Agricultores) ***(2x; p.ej. 1x negro & 1x blanco)***
3) „Piece_Base" (Figuras-Subpartes) ***(32x; p.ej. gris)***
4) „Board_Square_x_4 " (Parte del tablero) ***(16x; 8x negro & 8x blanco)***
5) „Board_Center" (Parte del tablero) ***(4x; p.ej. verde)***
6) „Board_Corner" (Parte del tablero) ***(4x; p.ej. verde)***
7) „Board_Edge" (Parte del tablero) ***(8x; p.ej. verde)***

## 6.5.4 Consejos sobre los ajustes de rebanado:

*„Pieces_x_8_support" (Figuras sin Agricultores):*
**(Duración: ~ 5,5 h; total ~ 11 h)**

- **Posiblemente imprimir "knight" individualmente y pegar juntos**
- **Cantidad: 2x (total = 16 Figuras) (1x negro, 1x blanco)**

- Espesor de la capa: 0.16 mm
- Densidad de llenado: 20%
- Permitir el alisado: no
- **Estructura de soporte: sí (Ángulo: 60°, Densidad: 15 %) ver *Fig. 63***
- Adhesión: Skirt (2 Líneas, 5 mm Distancia)

*„8 Pawns" (Agricultores):*
**(Duración: ~ 4,5 h; total ~ 9 h)**

- **Cantidad: 2x (total =16 Figuras) (1x negro, 1x blanco)**
- Espesor de la capa: 0.16 mm
- Densidad de llenado: 20%
- Permitir el alisado: no
- **Estructura de soporte: sí (Ángulo: 60°, Densidad: 15 %) ver *Fig. 63***
- Adhesión: Skirt (2 Líneas, 5 mm Distancia)

*„Piece Base" (Figuras-Subpartes):*
**(Duración: por 8 Pieza ~ 3 h; total ~ 12 h)**

- **Cantidad total: 32x (p.ej. separado en 4 x 8 Pieza; Color: gris)**
- Espesor de la capa: 0.16 mm
- Densidad de llenado: 20%
- Permitir el alisado: no
- **Estructura de soporte: sí (Ángulo: 60°, Densidad: 15 %) ver *Fig. 63***
- Adhesión: Skirt (2 Líneas, 5 mm Distancia)

*„Board Square x 4 " (Parte del tablero):*
**(Duración: por 16 Pieza ~ 9,5 h; total ~ 38 h)**

- **Cantidad total: 64x (p.ej. separado en 4 x 16 Pieza; Color: 32 negro, 32 blanco)**
- Espesor de la capa: 0.2 mm
- Densidad de llenado: 20%
- Permitir el alisado: no
- Estructura de soporte: no
- Adhesión: Skirt (2 Líneas, 5 mm Distancia)

*„Board Center " (Parte del tablero):*
**(Duración: por 2 Pieza ~ 2 h; total ~ 4 h)**

- **Cantidad total: 4x (p.ej. separado en 2 x 2; Color: p.ej. verde)**

- Espesor de la capa: 0.2 mm
- Densidad de llenado: 20%
- Permitir el alisado: no
- Estructura de soporte: no
- Adhesión: Skirt (2 Líneas, 5 mm Distancia)

*„Board Corner " (Parte del tablero):*
**(Duración: por 2 Pieza ~ 3 h; total ~ 6 h)**

- **Cantidad total: 4x (p.ej. separado en 2 x 2; Color: p.ej. verde)**
- Espesor de la capa: 0.2 mm
- Densidad de llenado: 20%
- Permitir el alisado: no
- Estructura de soporte: no
- Adhesión: Skirt (2 Líneas, 5 mm Distancia)

*„Board Edge " (Parte del tablero):*
**(Duración: por 2 Pieza ~ 2,5 h; total ~ 10 h)**

- **Cantidad total: 8x (p.ej. separado en 4 x 2; Color: p.ej. verde)**
- Espesor de la capa: 0.2 mm
- Densidad de llenado: 20%
- Permitir el alisado: no
- Estructura de soporte: no
- Adhesión: Skirt (2 Líneas, 5 mm Distancia)

## 6.5.6 Colocación en la cama de impresión (por impresión):

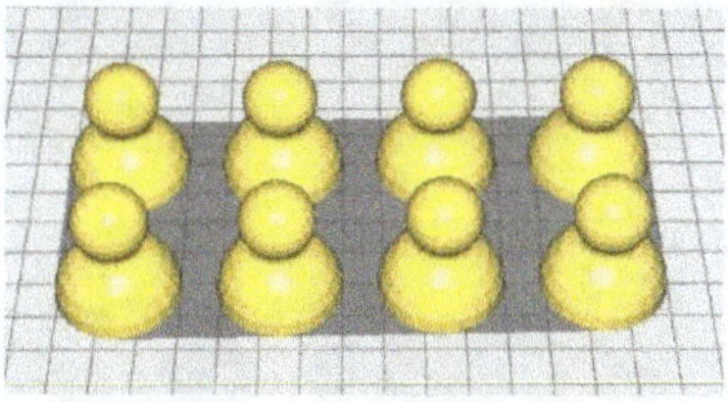
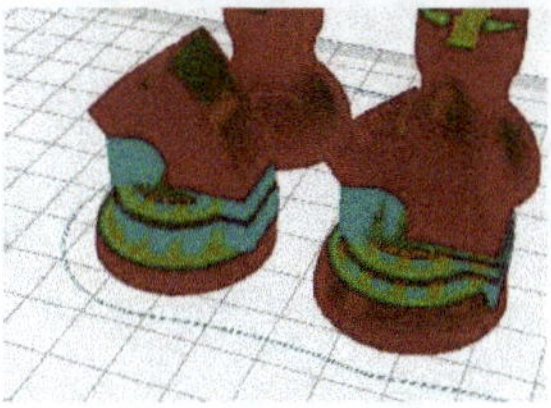
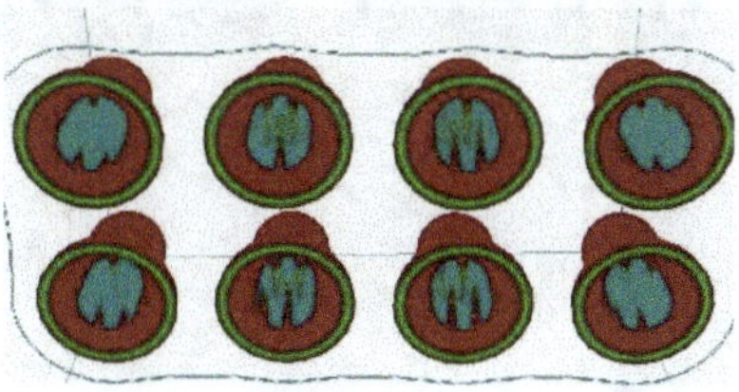

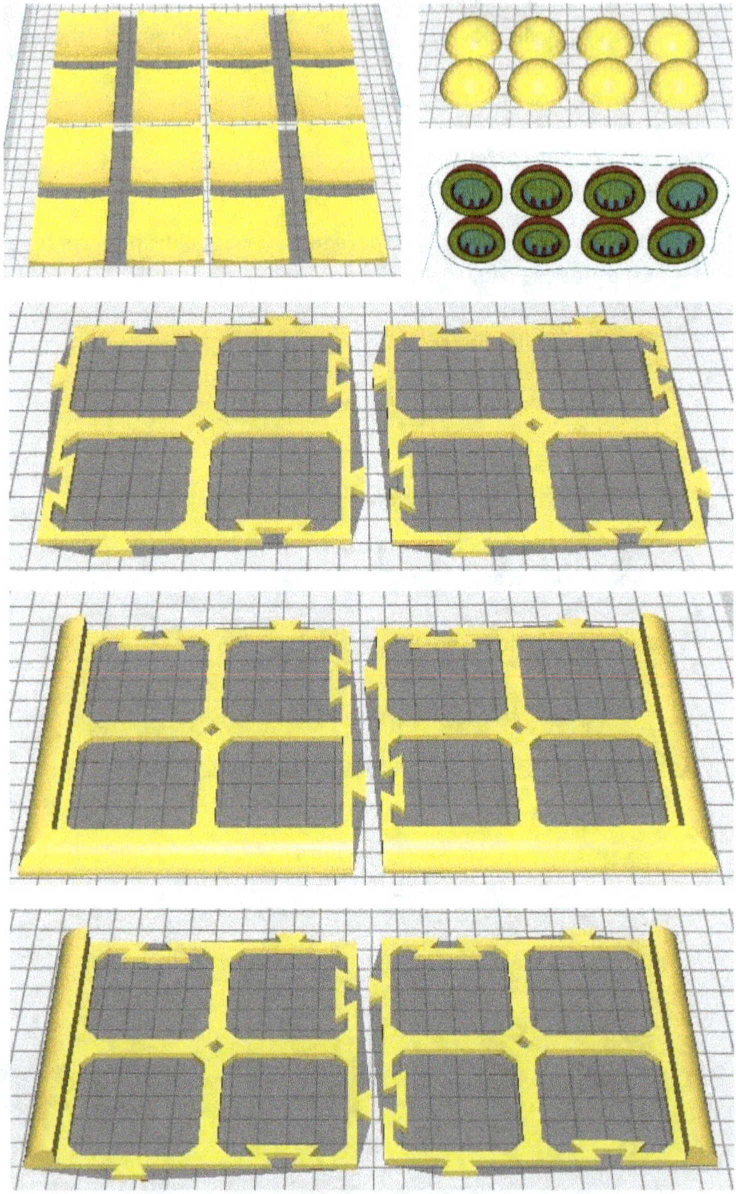

*Figura 63: Cada trabajo de impresión (1 figura = 1 impresión)*

## 6.6 Juguetes: avión con hélice

### 6.6.1 Descripción general:

**Dificultad*:** +
**Duración:** ~ 6 h
**Material:** ~ 79 g

---

***Descarga gratuita: Thingiverse***
*Buscar: „toy plane bolts"*
*Diseñador: „PlasilABS"*
*Enlace de descarga:* [https://www.thingiverse.com/thing:1642670](https://www.thingiverse.com/thing:1642670)
**Material adicional:** ---

* (de )

## 6.6.2 Consejos para editar y posicionar el/los archivo(s):

Rotación de todos los objetos individuales como en la vista en *Fig. 64:*

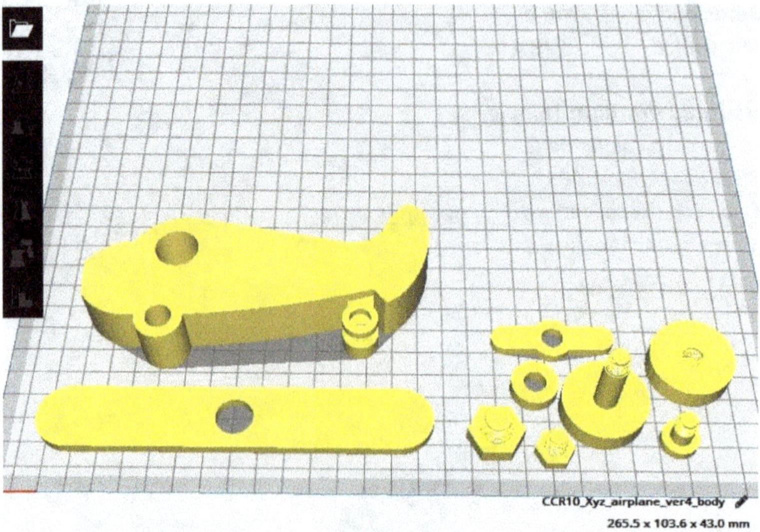


*Figura 64: Vista general de todos los archivos a imprimir (1x cada uno)*

## 6.6.3 Combinación de archivos por trabajo de impresión:

1) „ Xyz_airplane_ver4_body“ ***(Color: p.ej. azul)***
2) „Xyz_airplane_ver4_wing“ ***(Color: p.ej. negro)***
3) **Pequeñas partes:** „Xyz_airplane_ver4_porp_bolt“ & „Xyz_airplane_ver4_porpeller“ & „Xyz_airplane_ver4_rear_bolt“ & „Xyz_airplane_ver4_rear_wheel“ & „Xyz_airplane_ver4_wheel_Left“ & „Xyz_airplane_ver4_wheel_Right“ & „Xyz_airplane_ver4_wing_bolt“ ***(Color: p.ej. negro)***

## 6.6.4 Consejos sobre los ajustes de rebanado:

*„Xyz airplane ver4 body":*
**(Duración: ~ 4 h)**

- Espesor de la capa: 0.16 mm
- Densidad de llenado: 20 %
- Permitir el alisado: sí
- **Estructura de soporte: sí (Ángulo: 60°, Densidad: 15 %) ver *Fig. 65***
- Adhesión: Skirt (2 Líneas, 5 mm Distancia)

*„Xyz airplane ver4 wing":*
**(Duración: ~ 1 h)**

- Espesor de la capa: 0.16 mm
- Densidad de llenado: 20 %
- Permitir el alisado: sí
- Estructura de soporte: no
- Adhesión: Skirt (2 Líneas, 5 mm Distancia)

***Pequeñas partes (3):***
**(Duración: ~ 1 h)**

- Espesor de la capa: 0.16 mm
- Densidad de llenado: 20 %
- Permitir el alisado: sí
- Estructura de soporte: no
- Adhesión: Skirt (2 Líneas, 5 mm Distancia)

## 6.6.5 Colocación en la cama de impresión (por impresión):

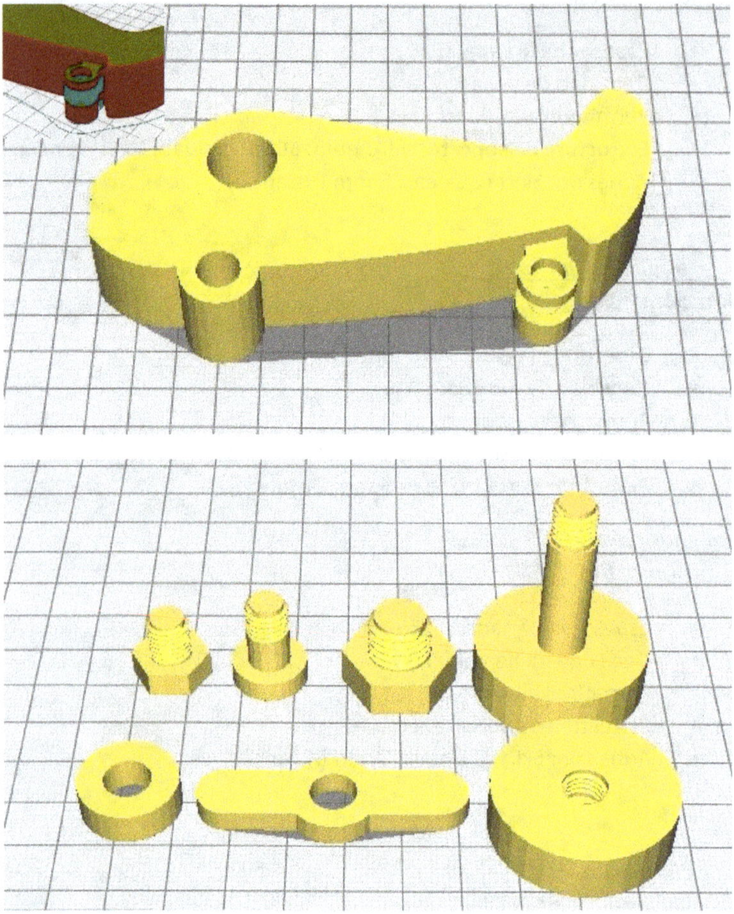

*Figura 65: Cada trabajo de impresión (1 figura = 1 impresión)*

# 7 Almacenamiento

## 7.1 Soporte de la tarjeta SD

### 7.1.1 Descripción general:

**Dificultad*:**

**Duración:** **~ 2,5 h**

**Material:** **~ 8 g**

---

***Descarga gratuita: Thingiverse***

*Buscar: „parametric sd card"*

*Diseñador: „bikecyclist"*

*Enlace de descarga:* [*https://www.thingiverse.com/thing:3470191*](https://www.thingiverse.com/thing:3470191)

**Material adicional:** ---

* (de )

## 7.1.2 Consejos para editar y posicionar el/los archivo(s):

Posicionándose en la plataforma de impresión como en *Fig. 66:*

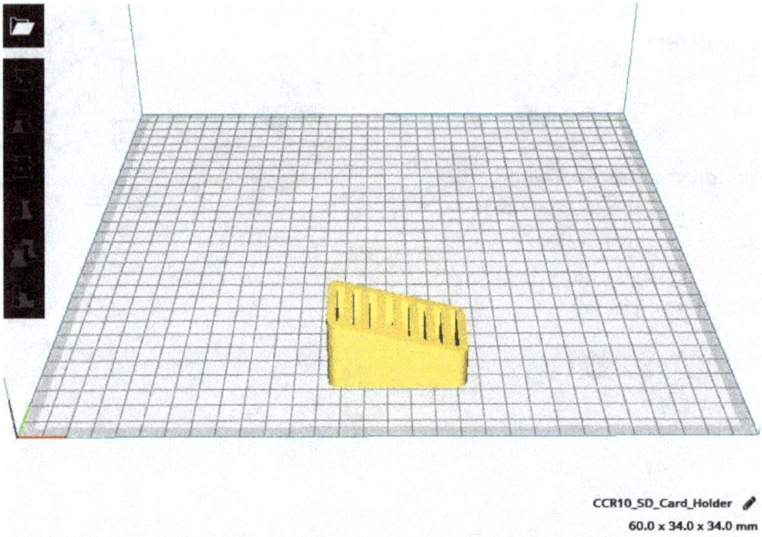


*Figura 66: Vista general de todos los archivos a imprimir (1x cada uno)*

## 7.1.3 Consejos sobre los ajustes de rebanado:

„SD Card Holder":
(**Duración: ~ 2,5 h**)

- **Color: p.ej. negro**
- Espesor de la capa: 0.16 mm
- Densidad de llenado: 20%
- Permitir el alisado: sí
- Estructura de soporte: sin
- Adhesión: Skirt (2 Líneas, 5 mm Distancia)

## 7.2 Gancho para toallas

### 7.2.1 Descripción general:

**Dificultad*:**
**Duración:** **~ 2,5 h**
**Material:** **~ 6 g**

---

***Descarga gratuita: Thingiverse***
*Buscar: „towel hook"*
*Diseñador: „bradk2012"*
*Enlace de descarga:* *https://www.thingiverse.com/thing:32408*
**Material adicional:** ---

* (de )

## 7.2.2 Consejos para editar y posicionar el/los archivo(s):

Posicionándose en la plataforma de impresión como en *Fig. 67:*

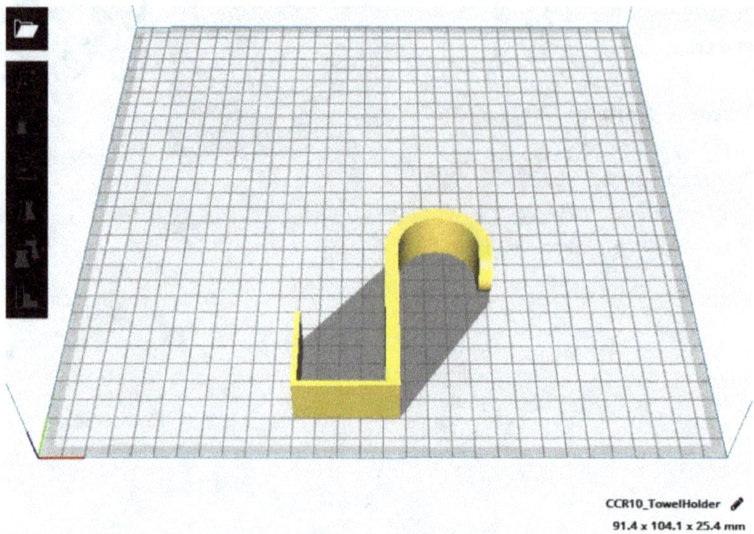


*Figura 67: Vista general de todos los archivos a imprimir (1x cada uno)*

## 7.2.3 Consejos sobre los ajustes de rebanado:

„TowelHolder":
**(Duración: ~ 2,5 h)**

- **Color: p.ej. negro**
- Espesor de la capa: 0.16 mm
- Densidad de llenado: 50%
- Permitir el alisado: sí
- Estructura de soporte: sin
- Adhesión: Skirt (2 Líneas, 5 mm Distancia)

## 7.3 Gancho para bolsas (coche)

### 7.3.1 Descripción general:

**Dificultad*:**
**Duración:** **~ 5 h**
**Material:** **~ 16 g**

***Descarga gratuita: Thingiverse***
*Buscar: „seatback bag hooks"*
*Diseñador: „YoungBuck"*
*Enlace de descarga:* *https://www.thingiverse.com/thing:128136*
**Material adicional: ---**

* (de )

## 7.3.2 Consejos para editar y posicionar el/los archivo(s):

Posicionándose en la plataforma de impresión y Rotación como en *Fig. 68:*

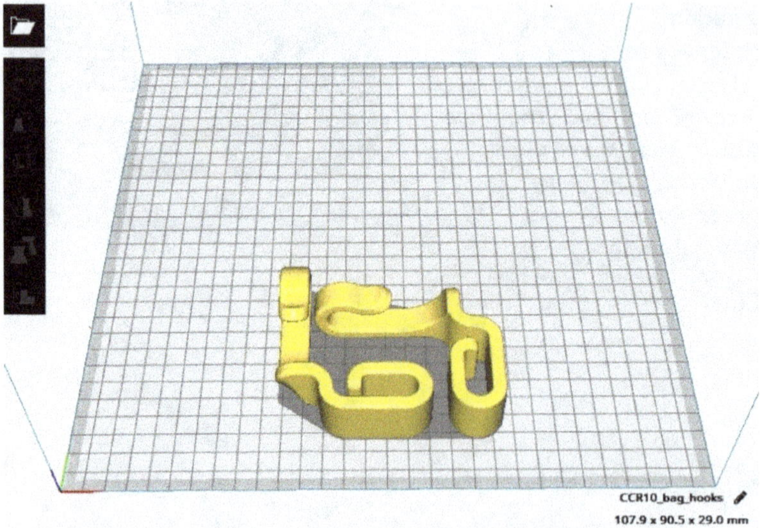


*Figura 68: Vista general de todos los archivos a imprimir (1x cada uno)*

## 7.3.3 Consejos sobre los ajustes de rebanado:

*„bag_hooks_norkless":*
(**Duración: ~ 5 h**)

- **Color: p.ej. negro**
- Espesor de la capa: 0.16 mm
- Densidad de llenado: 40 %
- Permitir el alisado: no
- **Estructura de soporte: sí (Ángulo: 60°, Densidad: 15 %) ver *Fig. 69***
- Adhesión: Skirt (2 Líneas, 5 mm Distancia)

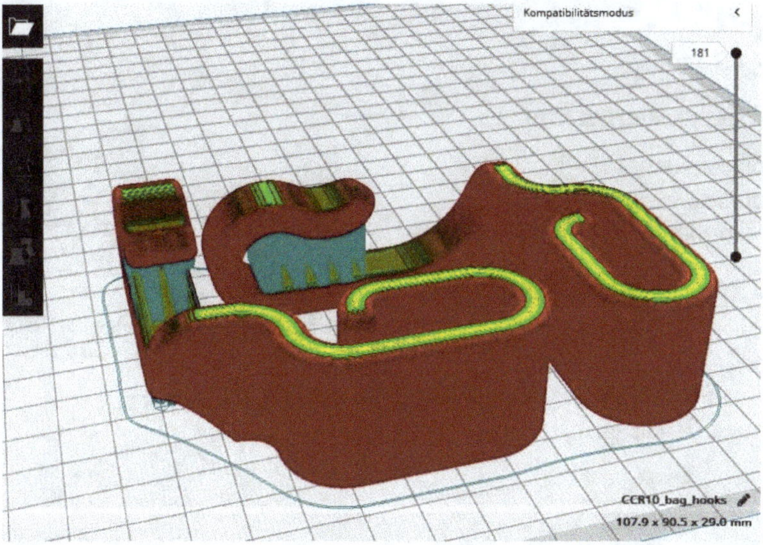


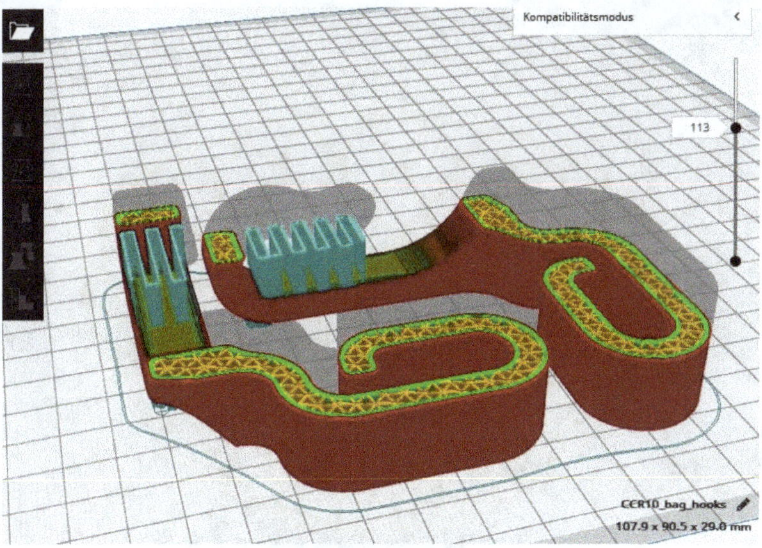


*Figura 69: Cada trabajo de impresión (vista de capas)*

## 7.4 Tazón

### 7.4.1 Descripción general:

**Dificultad*:**
**Duración:** **~ 7 h**
**Material:** **~ 59 g**

***Descarga gratuita: Thingiverse***
*Buscar: „basket bowl"*
*Diseñador: „Robine"*
*Enlace de descarga:* [*https://www.thingiverse.com/thing:2852321*](https://www.thingiverse.com/thing:2852321)
**Material adicional:** ---

* (de )

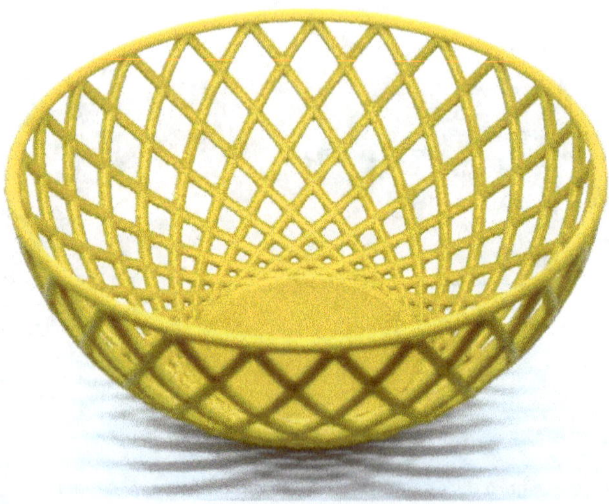

## 7.4.2 Consejos para editar y posicionar el/los archivo(s):

„basket_bowl" como en *Fig. 70:*

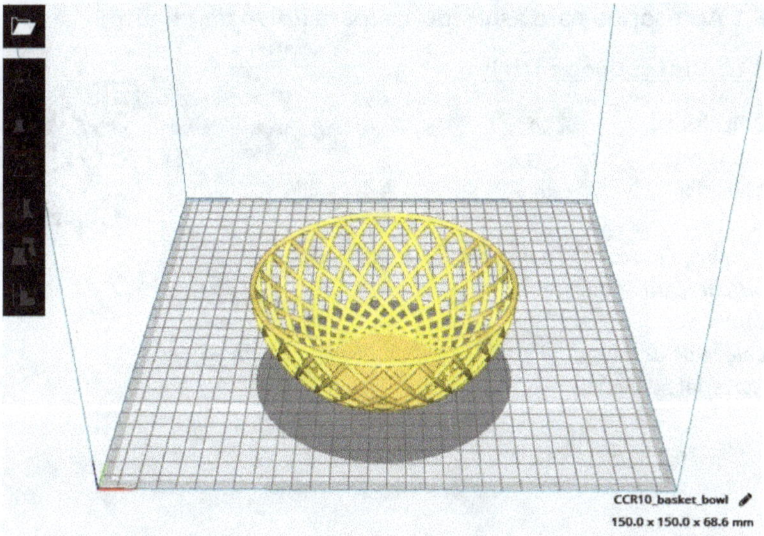


*Figura 70: Vista general de todos los archivos a imprimir (1x cada uno)*

## 7.4.3 Consejos sobre los ajustes de rebanado:

*„basket_bowl":*
**(Duración: ~ 7 h)**

- **Color: p.ej. oro**
- Espesor de la capa: 0.2 mm
- Densidad de llenado: 25%
- Permitir el alisado: no
- Estructura de soporte: no
- Adhesión: Skirt (2 Líneas, 5 mm Distancia)

# 8 Accesorios de herramientas

## 8.1 Accesorios para aspiradoras (para Polvo de taladro)

### 8.1.1 Descripción general:

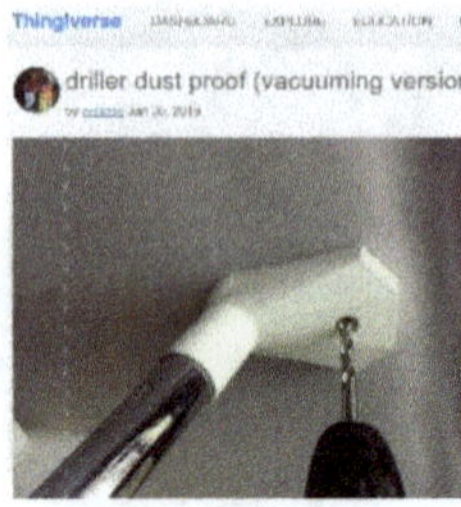


**Dificultad*:**
**Duración:** ~ 5,5 h
**Material:** ~ 46 g



***Descarga gratuita: Thingiverse***
*Buscar: „driller dust porof“*
*Diseñador: „celiktse“*
*Enlace de descarga:* [https://www.thingiverse.com/thing:3368270](https://www.thingiverse.com/thing:3368270)
**Material adicional:** ---

* (de )

## 8.1.2 Consejos para editar y posicionar el/los archivo(s):

Posicionándose en la plataforma de impresión como en *Fig. 71:*

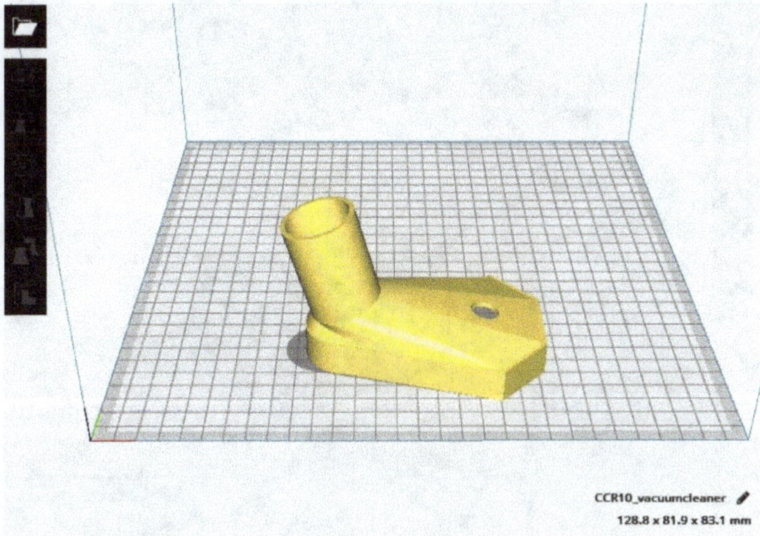


*Figura 71: Vista general de todos los archivos a imprimir (1x cada uno)*

## 8.1.3 Consejos sobre los ajustes de rebanado:

*„vacuumcleaner“:*
**(Duración: ~ 5,5 h)**

- **Color: p.ej. negro**
- Espesor de la capa: 0.16 mm
- Densidad de llenado: 20%
- Permitir el alisado: no
- **Estructura de soporte: sí (Ángulo: 60°, Densidad: 15 %) ver *Fig. 72***
- Adhesión: Brim (Ancho: 6 mm; Líneas: 15; dentro de: sí)

## 8.1.4 Estructura de soporte:

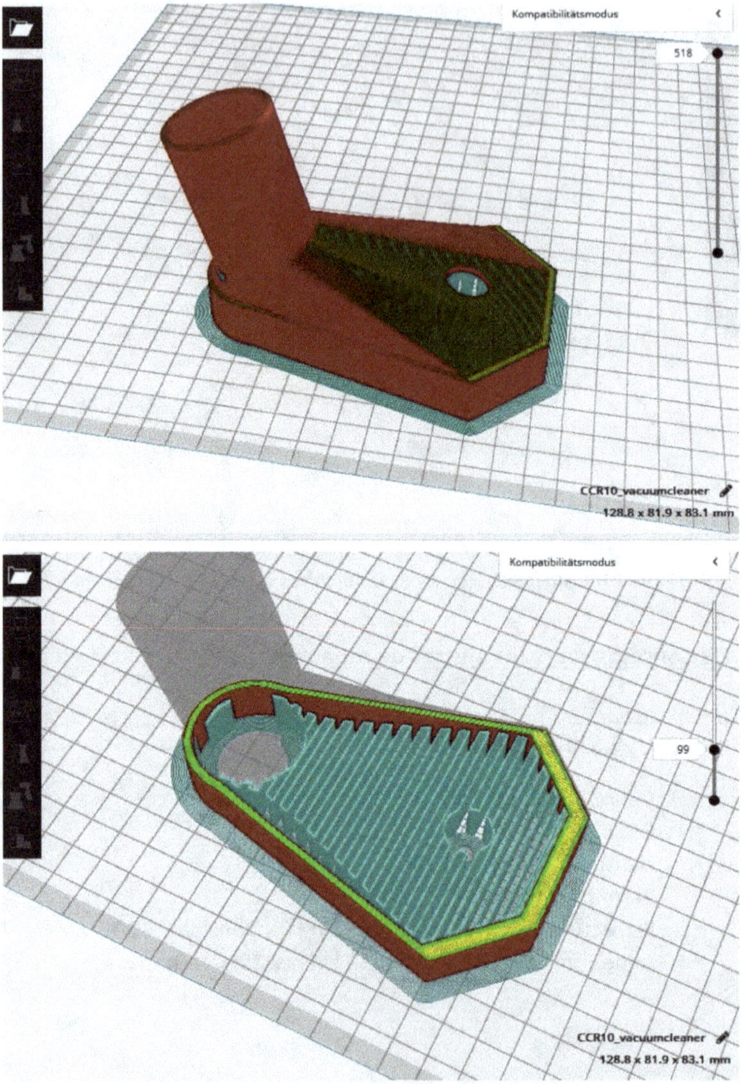


*Figura 72: Ilustración de las estructuras de soporte*

## 8.2 Bandeja de alicates

### 8.2.1 Descripción general:

**Dificultad*:**
**Duración:** ~ 5,5 h
**Material:** ~ 52 g

***Descarga gratuita: Thingiverse***
*Buscar: „pliers stand“*
*Diseñador: „arhis“*
*Enlace de descarga:* [https://www.thingiverse.com/thing:2572892](https://www.thingiverse.com/thing:2572892)
**Material adicional:** ---



* (de )

## 8.2.2 Consejos para editar y posicionar el/los archivo(s):

Rotación de todos los objetos individuales como en la vista en *Fig. 73:*

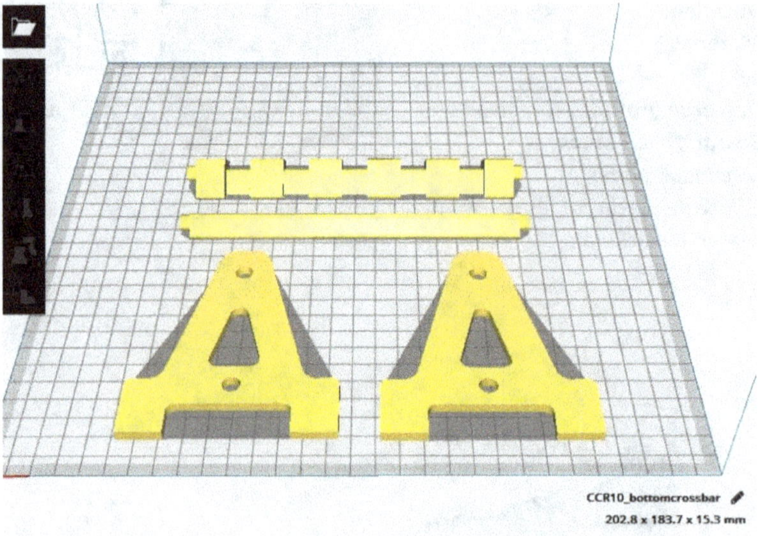


*Figura 73: Vista general de todos los archivos a imprimir (1x cada uno)*

## 8.2.3 Combinación de archivos por trabajo de impresión:

1) „side" ***(Color: p.ej. negro)***
2) „bottomcrossbar" & „uppercrossbar" ***(Color: p.ej. negro)***

## 8.2.4 Consejos sobre los ajustes de rebanado:

*„side":*
**(Duración: ~ 3 h)**

- **Cantidad: 2 Pieza (en un impresión)**
- Espesor de la capa: 0.16 mm
- **Escalado no estándar de las placas laterales (x: 100% , y: 100%, z: 70%) para un tiempo de impresión más rápido (z)**
- Densidad de llenado: 25%
- Permitir el alisado: sí
- Estructura de soporte: sin

- Adhesión: Skirt (2 Líneas, 5 mm Distancia)

*„bottomcrossbar“ & „uppercrossbar“:*
**(Duración: ~ 2,5 h)**

- Espesor de la capa: 0.16 mm
- Densidad de llenado: 25%
- Permitir el alisado: no
- **Estructura de soporte: sí (Ángulo: 60°, Densidad: 15 %) ver Fig. 74**
- Adhesión: Skirt (2 Líneas, 5 mm Distancia)

## 8.2.5 Colocación en la cama de impresión (por impresión):

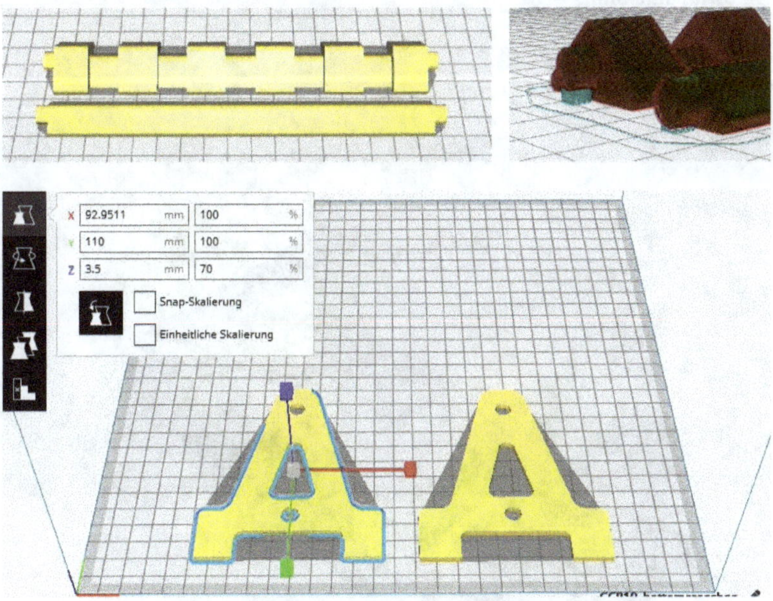


*Figura 74: Cada trabajo de impresión (1 figura = 1 impresión)*

Taladrar los agujeros de las partes laterales opcionalmente con un taladro de mano si los componentes no se pueden unir fácilmente.

## 8.3 Tornillo de banco

### 8.3.1 Descripción general:

**Dificultad*:** +
**Duración:** ~ 19,5 h
**Material:** ~ 166 g

***Descarga gratuita: Thingiverse***
*Buscar: „machine vise“*
*Diseñador: „TheGoofy“*
*Enlace de descarga:* [https://www.thingiverse.com/thing:2064269](https://www.thingiverse.com/thing:2064269)
**Material adicional:** ---

* (de )

## 8.3.2 Consejos para editar y posicionar el/los archivo(s):

Rotación de todos los objetos individuales como en la vista en *Fig. 75:*

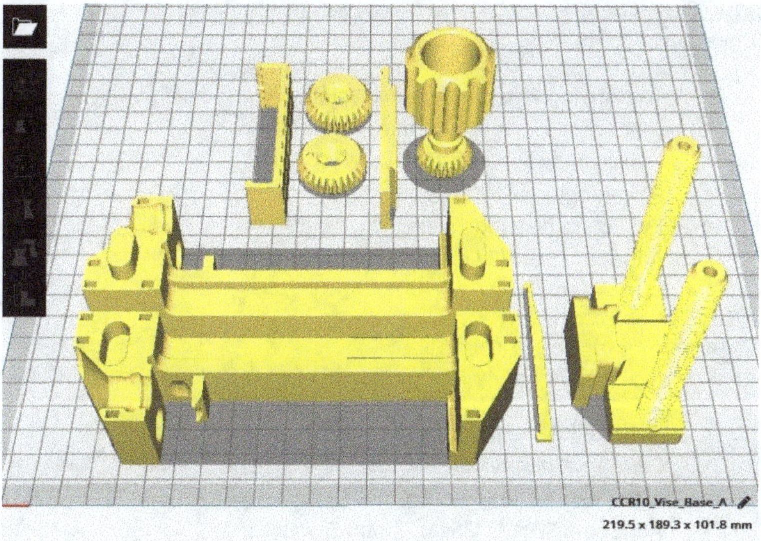


*Figura 75: Vista general de todos los archivos a imprimir (1x cada uno)*

## 8.3.3 Combinación de archivos por trabajo de impresión:

1) „Vise_Base_A" & „Vise_Base_B" ***(Color: p.ej. negro)***
2) 7x „Vise_Base_Clip" ***(Color: p.ej. verde)***
3) „Vise_Base_Síw_Plate" ***(Color: p.ej. verde)***
4) „Vise_Handle" & 2x „Vise_Main_Gear" & „Vise_Sliding_Síw" & „Vise_Sliding_Síw_Plate" ***(Color: p.ej. blanco)***

## 8.3.4 Consejos sobre los ajustes de rebanado:

*„Vise Base A" & „Vise Base B" :*
**(Duración: ~ 10 h)**

- Espesor de la capa: 0.16 mm
- Densidad de llenado: 25 %
- Permitir el alisado: sí
- Estructura de soporte: no

- Adhesión: Skirt (2 Líneas, 5 mm Distancia)

*„Vise Base Clip“:*
**(Duración: ~ 0,5 h)**

- **Cantidad: 7 Pieza (en un impresión)**
- Espesor de la capa: 0.16 mm
- Densidad de llenado: 25 %
- Permitir el alisado: sí
- Estructura de soporte: no
- Adhesión: Skirt (2 Líneas, 5 mm Distancia)

*„Vise Base Síw Plate“:*
**(Duración: ~ 4 h)**

- Espesor de la capa: 0.16 mm
- Densidad de llenado: 25 %
- Permitir el alisado: sí
- Estructura de soporte: no
- Adhesión: Skirt (2 Líneas, 5 mm Distancia)

*„Vise Handle“ & 2x „Vise Main Gear“ & „Vise Sliding Síw“ & „Vise Sliding Síw Plate“:*
**(Duración: ~ 5 h)**

- Espesor de la capa: 0.16 mm
- Densidad de llenado: 25 %
- Permitir el alisado: sí
- Estructura de soporte: no
- Adhesión: Skirt (2 Líneas, 5 mm Distancia)

## 8.3.5 Colocación en la cama de impresión (por impresión):

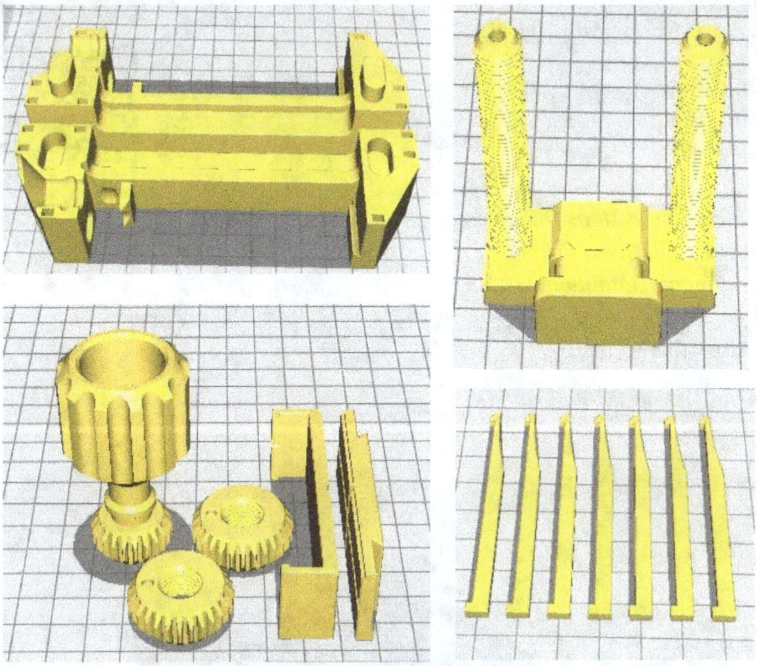

*Figura 76: Cada trabajo de impresión (1 figura = 1 impresión)*

## 8.3.6 Asamblea:

**El video de la Diseñadors:**

https://youtu.be/mziT7KV-fRI o Thingiverse Link en Descripción (p. 142)

## 8.4 Plataforma elevadora (impresa ensamblada)

### 8.4.1 Descripción general:

**Dificultad*:**
**Duración:** **~ 12 h**
**Material:** **~ 77 g**

---

***Descarga gratuita: Thingiverse***
*Buscar: „platform sick"*
*Diseñador: „Intentional3D"*
*Enlace de descarga:* *https://www.thingiverse.com/thing:925556*
**Material adicional:** ---

* (de )

## 8.4.2 Consejos para editar y posicionar el/los archivo(s):

Rotación de todos los objetos individuales como en la vista en *Fig. 77:*

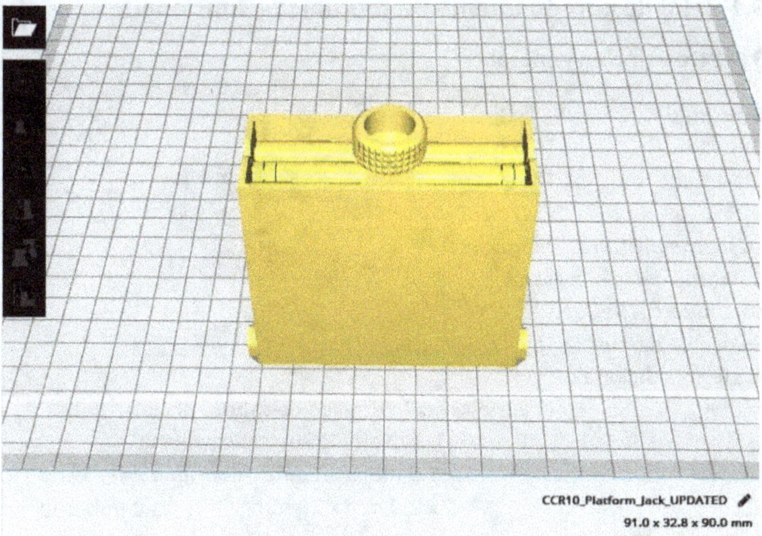


*Figura 77: Vista general de todos los archivos a imprimir (1x cada uno)*

## 8.4.3 Consejos sobre los ajustes de rebanado:

*„Platform Sick UPDATED“:*
**(Duración: ~ 12 h)**

- **Color: p.ej. negro**
- Espesor de la capa: 0.2 mm
- Densidad de llenado: 20 %
- Permitir el alisado: no
- Estructura de soporte: no
- Adhesión: Skirt (2 Líneas, 5 mm Distancia)

Precaución para el primer uso. Separa con cuidado y afloja las partes!

# 9 Objetos complejos (con función)

## 9.1 Reloj de pared (puramente mecánico y funcional)

### 9.1.1 Descripción general:

**Dificultad*:** +
**Duración:** ~ 26,5 h
**Material:** ~ 185 g

***Descarga gratuita: Thingiverse***
*Buscar: „mechanical clock"*
*Diseñador: „TheGoofy"*
*Enlace de descarga:* *https://www.thingiverse.com/thing:328569*
**Material adicional:**

- Tornillos: 6 Pieza M3x12 Tornillos de cabeza plana
  5 Pieza M3x10 Tornillos de cabeza plana
- Clavija de cilindro: 1 x 1,5 mm x 40 mm ***(Cantidad / Ø / L)***
  1 x 2,0 mm x 28 mm | 1 x 3,0 mm x 30 mm
  1 x 2,0 mm x 60 mm | 4 x 3,0 mm x 39 mm
  2 x 3,0 mm x 60 mm | 1 x 3,0 mm x 15 mm

* (de )

## 9.1.2 Combinación de archivos por trabajo de impresión:

1) **Gears:** „Crank_Gear_Reduction"; „Gear_Reduction_Minutes_..."; „Gear_Reduction_Seconds_..."; „Gear_Wheel_Hours"; „Gear_Wheel_Minutes"; „Gear_Wheel_Seconds"; „Winding_Gear_Crank"; „Winding_Gear_Pawl"; „Winding_Gear_Transmission"; „Winding_Planet_Ring_Gear_v1"; „Winding_Planet_Sun_Gear_for_Crank"; „Winding Planets";
2) **Escapement**: „Escapement_Spring"; „Escapement_Anchor"; „Escapement_Balance"; „Escapement_Wheel";
3) **Winding**: „Winding_Drum_with_Ratchet"; „Winding_Planet_Carrier_Cover"; „Winding_Planet_Carrier_Drum"; „Winding_Planet_Crank_Shaft_Gear"; „Winding_Planet_Pawl"; „Winding_Planet_Roller_Bearing";
4) **Weight**: „Weight_Pulley_A"; „Weight_Pulley_B"; „Weight_Pulley Hook" (ver auch Details unten)
5) **Frame**: „Frame_Back"; „Frame_Cord_Mount"; „Frame_Front"
6) **Crank**: „Crank_Handle"; „Crank_Handle_Screw"; „Crank_Shaft"; & **Clock_Face_Hand**: „Clock_Face_Hand_Hour"; „Clock_Face_Hand_Minute"; „ Clock_Face_Hand_Second"
7) „Clock_Face_Backgroy"
8) „Clock_Face_Tickmarks"

## 9.1.3 Consejos sobre los ajustes de rebanado:

*Gears (1):*
**(Duración: ~ 10,5 h)**

- Espesor de la capa: 0.2 mm
- ***Color: p.ej. negro***
- Densidad de llenado: 25 %
- Permitir el alisado: no
- Estructura de soporte: sin
- Adhesión: Skirt (2 Líneas, 5 mm Distancia)

*Escapement (2):*
**(Duración: ~ 2 h)**

- Espesor de la capa: 0.2 mm
- ***Color: p.ej. verde***

- Densidad de llenado: 25 %
- Permitir el alisado: no
- Estructura de soporte: sin
- Adhesión: Skirt (2 Líneas, 5 mm Distancia)

***Winding (3):***
**(Duración: ~ 4 h)**

- Espesor de la capa: 0.2 mm
- ***Color: p.ej. oro***
- Densidad de llenado: 25 %
- Permitir el alisado: no
- Estructura de soporte: sin
- Adhesión: Skirt (2 Líneas, 5 mm Distancia)

***Weight (4):***
**(Duración: ~ 0,5 h)**

- Espesor de la capa: 0.2 mm
- ***Color: p.ej. verde***
- Densidad de llenado: 25 %
- Permitir el alisado: no
- Estructura de soporte: sin
- Adhesión: Skirt (2 Líneas, 5 mm Distancia)

"Weight_Bucket" & "Weight_Bucket Cover" no se imprime porque se utiliza un simple peso con ojal. Si no hay disponible ningún peso con ojal, es útil imprimir estas partes adicionalmente! Dependiendo de la variante, el ensamblaje también puede tener algunas partes que quedan o no tienen que ser impresas, pero están listadas aquí. Para el video de montaje del Diseñador: Thingiverse Link p. 148.

***Frame (5):***
**(Duración: ~ 6 h)**

- Espesor de la capa: 0.2 mm
- ***Color: p.ej. negro***
- Densidad de llenado: 25 %
- Permitir el alisado: no
- Estructura de soporte: sin

- Adhesión: Skirt (2 Líneas, 5 mm Distancia)

***<u>Crank & Clock Face Hand (6):</u>***
**(Duración: ~ 1,5 h)**

- Espesor de la capa: 0.2 mm
- ***Color: p.ej. oro***
- Densidad de llenado: 25 %
- Permitir el alisado: no
- Estructura de soporte: sin
- Adhesión: Skirt (2 Líneas, 5 mm Distancia)

*<u>„Clock Face Backgroy“</u>* ***<u>(7):</u>***
**(Duración: ~ 1 h)**

- Espesor de la capa: 0.2 mm
- ***Color: p.ej. gris***
- Densidad de llenado: 25 %
- Permitir el alisado: no
- Estructura de soporte: sin
- Adhesión: Skirt (2 Líneas, 5 mm Distancia)

*<u>„Clock Face Tickmarks“</u>* ***<u>(8):</u>***
**(Duración: ~ 1 h)**

- Espesor de la capa: 0.2 mm
- ***Color: p.ej. verde***
- Densidad de llenado: 25 %
- Permitir el alisado: no
- Estructura de soporte: sin
- Adhesión: Skirt (2 Líneas, 5 mm Distancia)

## 9.1.4 Colocación en la cama de impresión (por impresión):

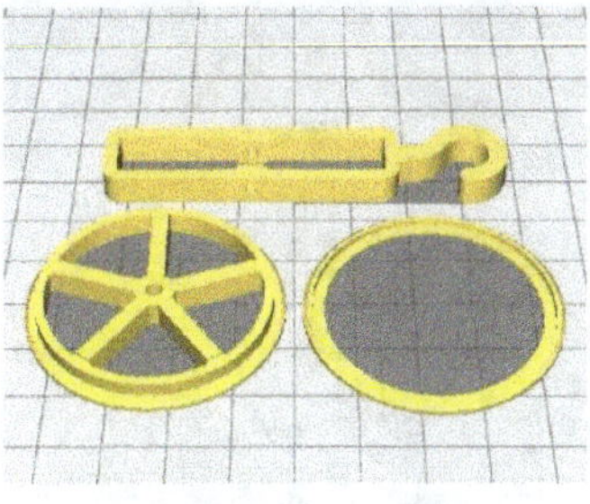

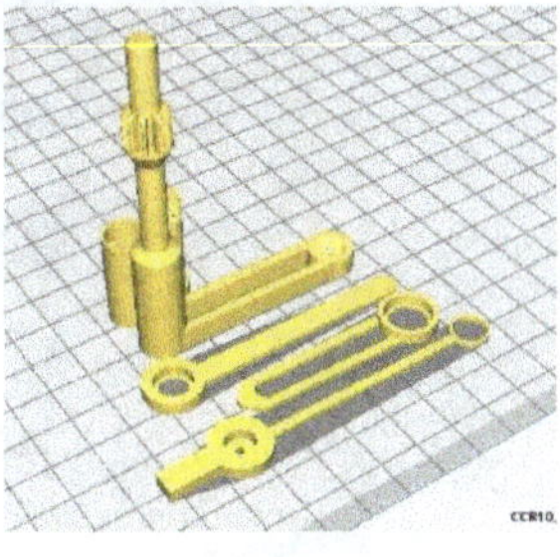

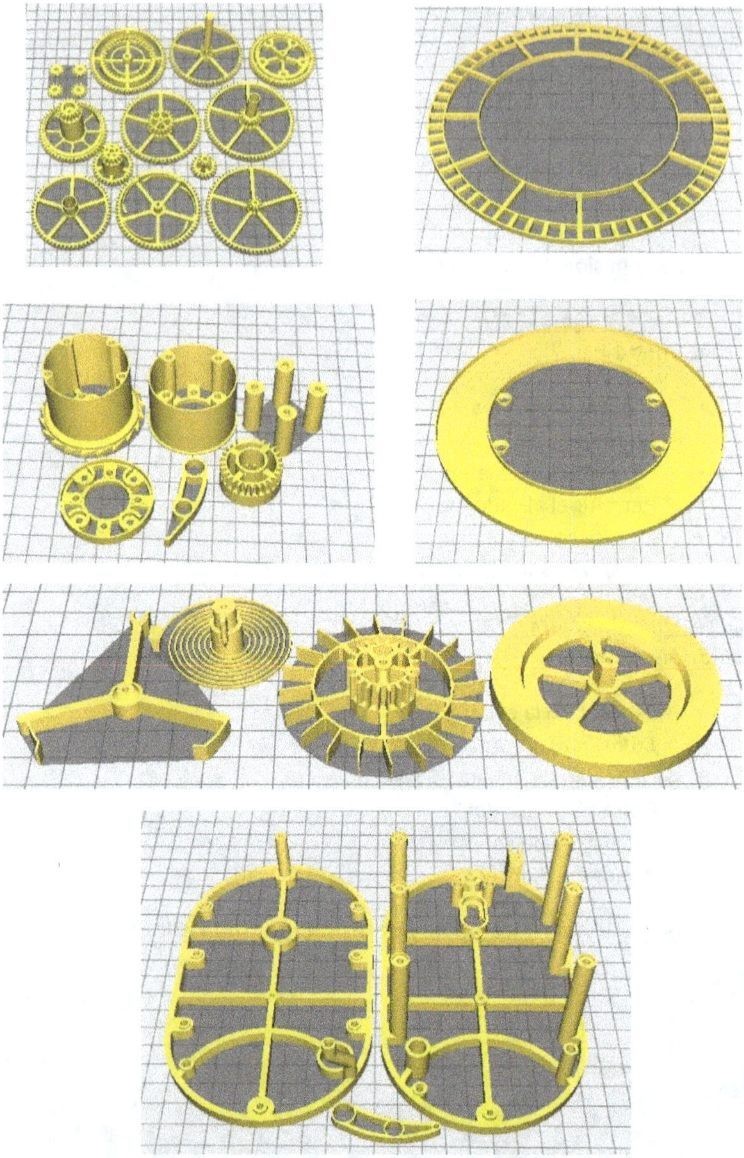

*Figura 78: Cada trabajo de impresión (1 figura = 1 impresión)*

## 9.2 Luxo Jr. Lámpara (Pixar)

### 9.2.1 Descripción general:

**Dificultad*:**
**Duración:** ~ 35 h
**Material:** ~ 431 g

---

***Descarga gratuita: Thingiverse***
*Buscar: „large luxo jr"*
*Diseñador: „DanielBull"*
*Enlace de descarga:* https://www.thingiverse.com/thing:432648
**Material adicional:** varios resortes de tensión, lámpara

* (de )

### 9.2.2 Consejos para editar y posicionar el/los archivo(s):

Rotación de todos los objetos individuales como en la vista en *Fig. 79:*

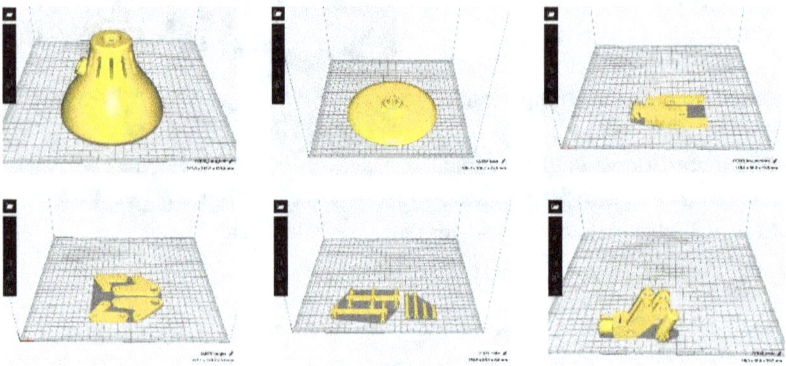

*Figura 79: Vista general de todos los archivos a imprimir (1x cada uno)*

### 9.2.3 Combinación de archivos por trabajo de impresión:

1) „lamp_bell"***(p.ej. blanco)***
2) „base" ***(p.ej. blanco)***
3) „box_sections" ***(p.ej. blanco)***
4) „hinges"***(p.ej. blanco)***
5) „links" & „rods" ***(p.ej. blanco)***
6) „neck" & „stem"***(p.ej. blanco)***

### 9.2.4 Consejos sobre los ajustes de rebanado:

*„lamp_bell":*
**(Duración: ~ 12,5 h)**

- Espesor de la capa: 0.16 mm
- Densidad de llenado: 20 %
- Permitir el alisado: sí
- **Estructura de soporte: sí (Ángulo: 60°, Densidad: 15 %) ver *Fig. 80***
- **Adhesión: Brim (Ancho: 6 mm; Líneas: 15; dentro de: sí)**

*„base":*
**(Duración: ~ 10 h)**

- Espesor de la capa: 0.16 mm
- Densidad de llenado: 25 %
- Permitir el alisado: sí
- Estructura de soporte: no
- Adhesión: Skirt (2 Líneas, 5 mm Distancia)

*„box sections":*
**(Duración: ~ 3 h)**

- Espesor de la capa: 0.16 mm
- Densidad de llenado: 35 %
- Permitir el alisado: sí
- Estructura de soporte: no
- Adhesión: Skirt (2 Líneas, 5 mm Distancia)

*„hinges":*
**(Duración: ~ 3 h)**

- Espesor de la capa: 0.16 mm
- Densidad de llenado: 35 %
- Permitir el alisado: sí
- Estructura de soporte: no
- Adhesión: Skirt (2 Líneas, 5 mm Distancia)

*„links" & „rods":*
**(Duración: ~ 2,5 h)**

- Espesor de la capa: 0.16 mm
- Densidad de llenado: 40 %
- Permitir el alisado: sí
- Estructura de soporte: no
- Adhesión: Skirt (2 Líneas, 5 mm Distancia)

*„neck" & „stem":*
**(Duración: ~ 4 h)**

- Espesor de la capa: 0.16 mm
- Densidad de llenado: 50 %
- Permitir el alisado: sí

- Estructura de soporte: no
- Adhesión: Skirt (2 Líneas, 5 mm Distancia)

## 9.2.5 Colocación en la cama de impresión (por impresión):

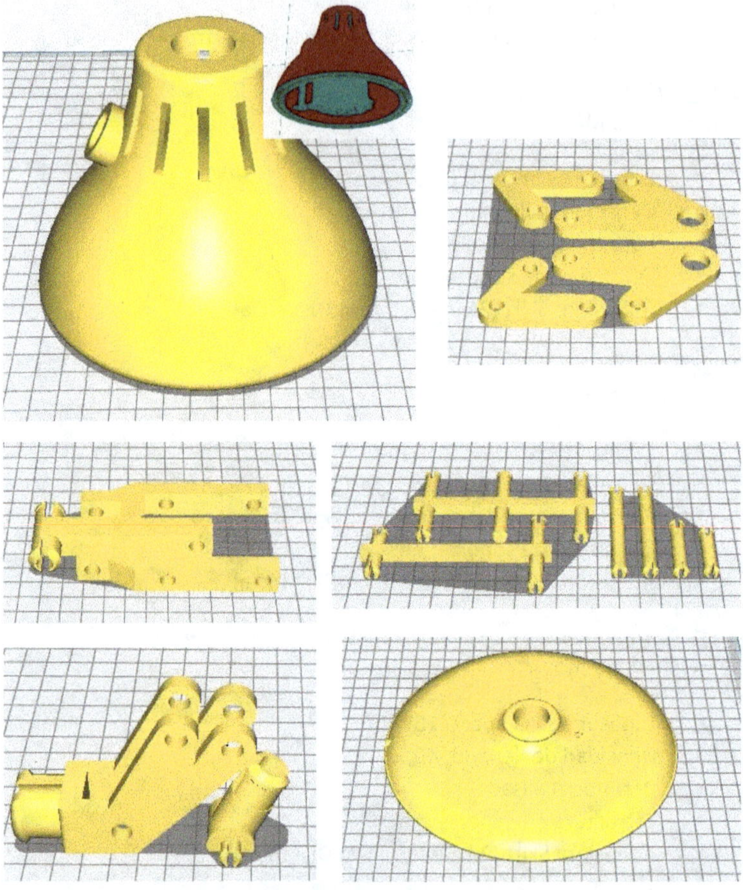

*Figura 80: Cada trabajo de impresión (1 figura = 1 impresión)*

# 10 Objetos Divertidos y Misceláneos

## 10.1 Cryptex

### 10.1.1 Descripción general:

**Dificultad*:**

**Duración:** ~ 34 h

**Material:** ~ 307 g

---

***Descarga gratuita: Thingiverse***

*Buscar: „10 letter cryptex"*

*Diseñador: „MasonStonehenge"*

*Enlace de descarga: [https://www.thingiverse.com/thing:3074829](https://www.thingiverse.com/thing:3074829)*

**Material adicional:** ---



* (de )

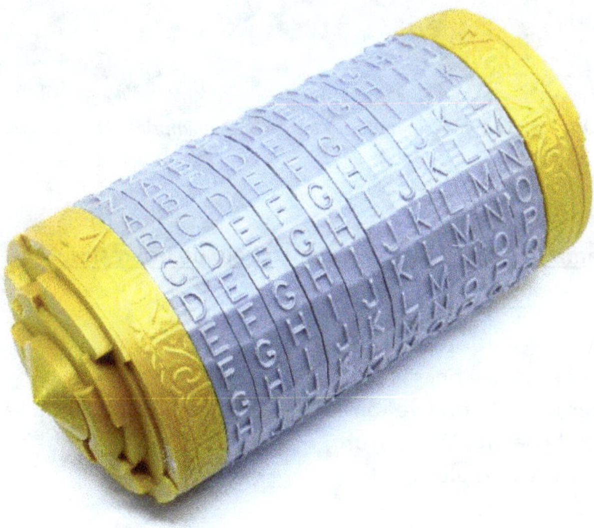

### 10.1.2 Consejos para editar y posicionar el/los archivo(s):

Rotación de todos los objetos individuales como en la vista en *Fig. 81:*

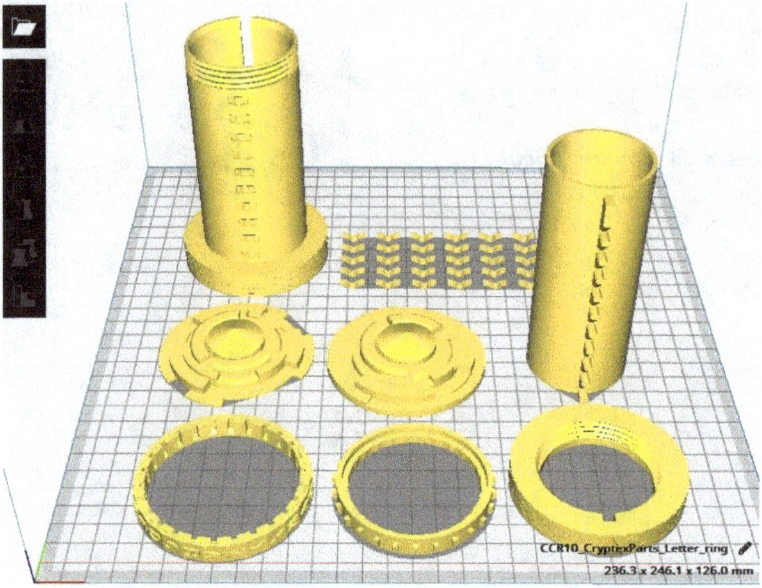


*Figura 81: Vista general de todos los archivos a imprimir (1x mostrado)*

### 10.1.3 Combinación de archivos por trabajo de impresión:

1) „Outer Core“ & „Inner Core“ ***(Color: p.ej. oro)***
2) „Letter rings“ 10x ***(Color: p.ej. gris)***
3) „Letter encoding rings“ ***(Color: p.ej. gris)***
4) „Outer Core decorative top“ & „Inner Core decorative top“ & „Outer Core retainer“***(Color: p.ej. oro)***
5) „Springs“***(Color: p.ej. gris)***

### 10.1.4 Consejos sobre los ajustes de rebanado:

*„Outer Core“ & „Inner Core“:*
(**Duración: ~ 10,5 h**)

- Espesor de la capa: 0.16 mm
- Densidad de llenado: 20%
- Permitir el alisado: no
- Estructura de soporte: sin
- Adhesión: Brim (Ancho: 8 mm; Líneas: 20; dentro de: sí)

*„Letter rings":*
**(Duración: total ~ 11 h)**

- **Cantidad: 10 Pieza (5 por Impresión)**
- Espesor de la capa: 0.16 mm
- Densidad de llenado: 20%
- Permitir el alisado: no
- Estructura de soporte: sin
- Adhesión: Skirt (2 Líneas, 5 mm Distancia)

*„Letter encoding rings":*
**(Duración: total ~ 7 h)**

- **Cantidad: 10 Pieza (5 por Impresión)**
- Espesor de la capa: 0.16 mm
- Densidad de llenado: 20%
- Permitir el alisado: no
- Estructura de soporte: sin
- Adhesión: Brim (Ancho: 4 mm; Líneas: 10; dentro de: sí)

*„Outer Core decorative top" & „Inner Core decorative top" & „Outer Core retainer"*
**(Duración: total ~ 5 h)**

- Espesor de la capa: 0.16 mm
- Densidad de llenado: 20%
- Permitir el alisado: sí
- Estructura de soporte: sin
- Adhesión: Skirt (2 Líneas, 5 mm Distancia)

*„Springs":*
**(Duración: total ~ 0,5 h)**

- **Cantidad: 30 Pieza (1 Impresión)**
- Espesor de la capa: 0.16 mm
- Densidad de llenado: 40%
- Permitir el alisado: no
- Estructura de soporte: sin
- Adhesión: Brim (Ancho: 4 mm; Líneas: 10; dentro de: sí)

## 10.1.5 Colocación en la cama de impresión (por impresión):

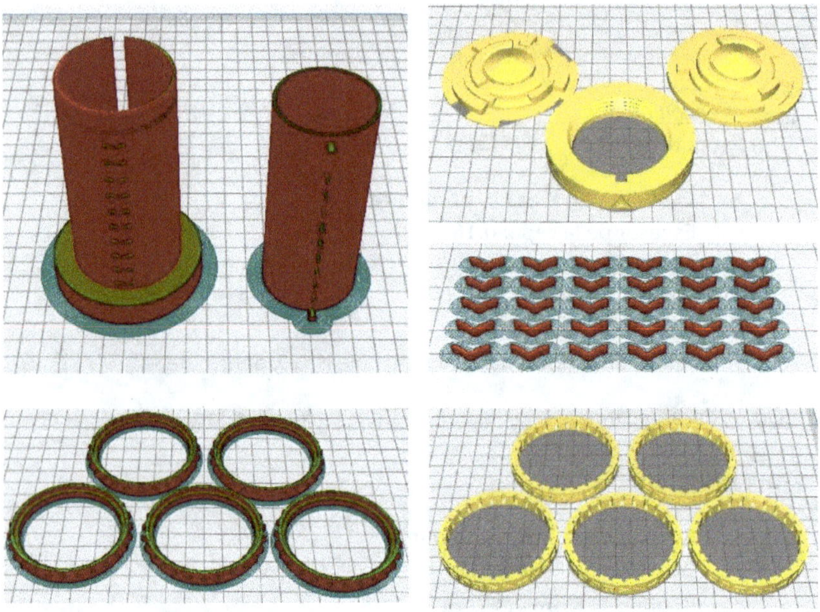

*Figura 82: Cada trabajo de impresión (1 figura = 1 impresión)*

Puede que tengas que aplicar mucha fuerza al montar los "resortes" y los anillos. Opcional 1% de impresión en escala más pequeña.

## 10.2 Hotel Abejas

### <u>10.2.1 Descripción general:</u>

**Dificultad*:**
**Duración:** **~ 5 h**
**Material:** **~ 49 g**

---

***Descarga gratuita: Thingiverse***
*Buscar: „bee hotel"*
*Diseñador: „godorowski"*
*Enlace de descarga:* *https://www.thingiverse.com/thing:3052138*
**Material adicional:** un tornillo para la fijación



* (de )

## 10.2.2 Consejos para editar y posicionar el/los archivo(s):

„Bee_Hotel" como en *Fig. 83:*

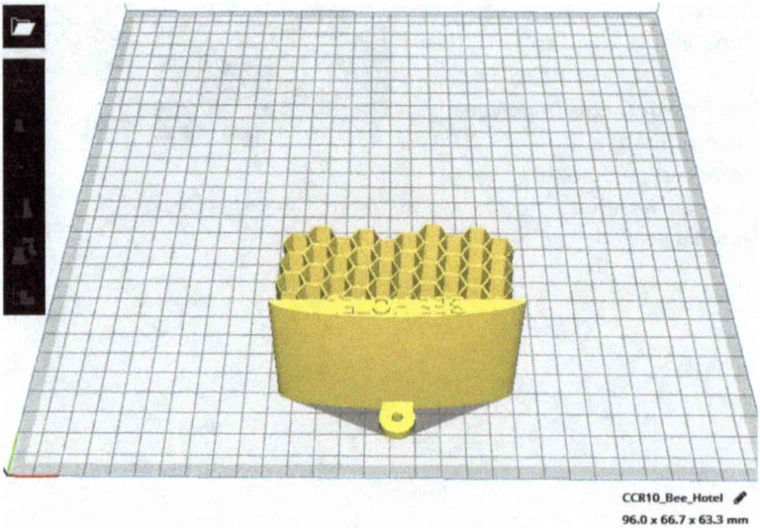


*Figura 83: Vista general de todos los archivos a imprimir (1x cada uno)*

## 10.2.3 Consejos sobre los ajustes de rebanado:

*„Bee_Hotel":*
**(Duración: ~ 5 h)**

- **Color: p.ej. oro**
- Espesor de la capa: 0.2 mm
- Densidad de llenado: 20%
- Permitir el alisado: sí
- Estructura de soporte: sin
- Adhesión: Skirt (2 Líneas, 5 mm Distancia)

## 10.3 Mariposa (movible)

### 10.3.1 Descripción general:

**Dificultad*:**

**Duración:** **~ 4 h**

**Material:** **~ 28 g**

---

***Descarga gratuita: Thingiverse***

*Buscar: „articulated butterfly“*

*Diseñador: „8ran“*

*Enlace de descarga:* [https://www.thingiverse.com/thing:2810756](https://www.thingiverse.com/thing:2810756)

**Material adicional: ---**

* (de )

## 10.3.2 Consejos para editar y posicionar el/los archivo(s):

Posicionándose en la plataforma de impresión como en *Fig. 84:*

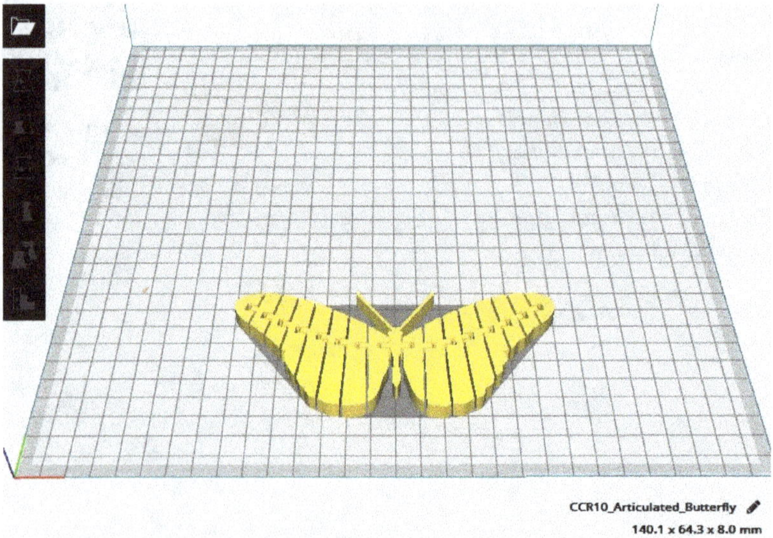


*Figura 84: Vista general de todos los archivos a imprimir (1x cada uno)*

## 10.3.3 Consejos sobre los ajustes de rebanado:

„Articulated Butterfly“:
**(Duración: ~ 4 h)**

- **Color: p.ej. oro**
- Espesor de la capa: 0.16 mm
- Densidad de llenado: 20 %
- Permitir el alisado: sí
- Estructura de soporte: sin
- Adhesión: Skirt (2 Líneas, 5 mm Distancia)

## 10.4 Caja de regalo (con llave)

### 10.4.1 Descripción general:

**Dificultad*:**
**Duración:** **~ 11,5 h**
**Material:** **~ 86 g**

***Descarga gratuita: Thingiverse***
*Buscar: „lockable present"*
*Diseñador: „jijimath"*
*Enlace de descarga: [https://www.thingiverse.com/thing:191974](https://www.thingiverse.com/thing:191974)*
**Material adicional:** ---

* (de )

## 10.4.2 Consejos para editar y posicionar el/los archivo(s):

Rotación de todos los objetos individuales como en la vista en *Fig. 85:*

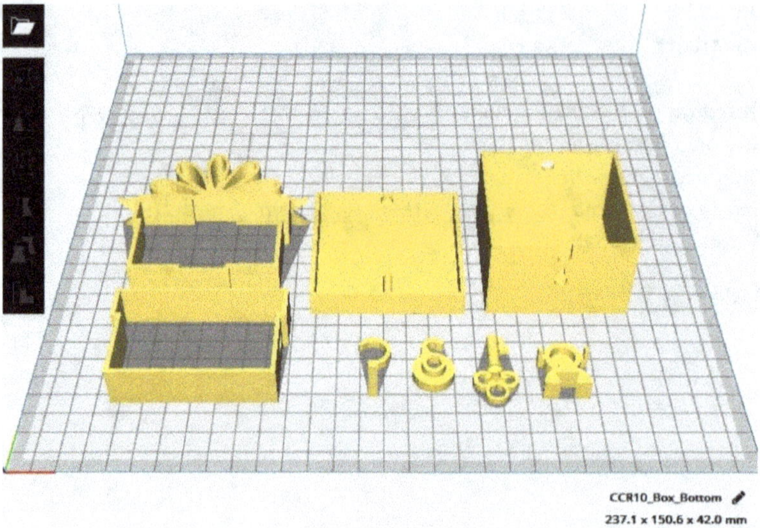


*Figura 85: Vista general de todos los archivos a imprimir (1x cada uno)*

## 10.4.3 Combinación de archivos por trabajo de impresión:

1) „Box_Bottom“ & „Box_Lid“ ***(Color: p.ej. oro)***
2) „Branch_Hook“ & „key“ & „Lock_Clasp“ & „Lock_Socket“ ***(Color: p.ej. gris)***
3) „Ribbon_Part_1“ & „Ribbon_Part_2“ ***(Color: p.ej. rojo)***

## 10.4.4 Consejos sobre los ajustes de rebanado:

*„Box_Bottom“ & „Box_Lid“:*
**(Duración: ~ 6,5 h)**

- Espesor de la capa: 0.16 mm
- Densidad de llenado: 20%
- Permitir el alisado: sí
- Estructura de soporte: no
- Adhesión: Skirt (2 Líneas, 5 mm Distancia)

*„Branch Hook" & „key" & „Lock Clasp" & „Lock Socket":*
**(Duración: ~ 1 h)**

- Espesor de la capa: 0.16 mm
- Densidad de llenado: 70 %
- Permitir el alisado: sí
- **Estructura de soporte: sí (Ángulo: 60°, Densidad: 15 %) ver *Fig. 86***
- Adhesión: Brim (Ancho: 6 mm; Líneas: 15; dentro de: sí)

*„Ribbon Part 1" & „Ribbon Part 2:*
**(Duración: ~ 4 h) | posiblemente escala de 1 a 2 % más grande**

- Espesor de la capa: 0.16 mm
- Densidad de llenado: 25 %
- Permitir el alisado: sí
- Estructura de soporte: no
- Adhesión: Skirt (2 Líneas, 5 mm Distancia)

## 10.4.5 Colocación en la cama de impresión (por impresión):

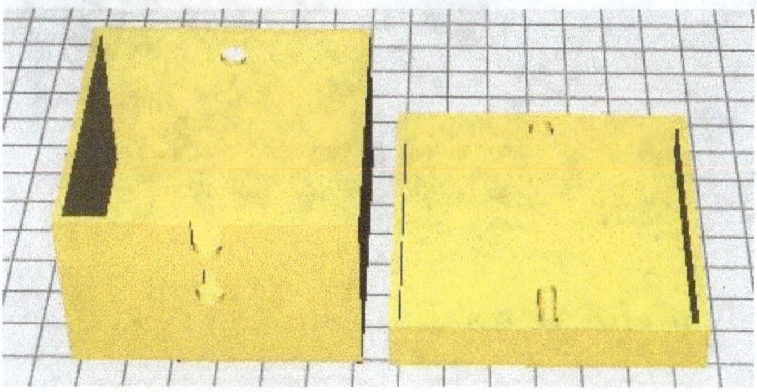

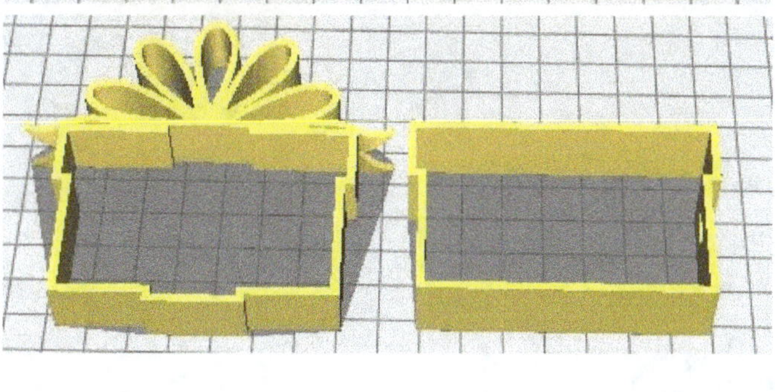

*Figura 86: Cada trabajo de impresión (1 figura = 1 impresión)*

## 10.5 Mini catapulta

### 10.5.1 Descripción general:

**Dificultad*:**
**Duración:** **~ 1,5 h**
**Material:** **~ 10 g**

***Descarga gratuita: Thingiverse***
*Buscar: „micro catapult“*
*Diseñador: „LukeTansell“*
*Enlace de descarga:* https://www.thingiverse.com/thing:1763518/files
**Material adicional: ---**

* (de )

## 10.5.2 Consejos para editar y posicionar el/los archivo(s):

Posicionándose en la plataforma de impresión como en *Fig. 87:*

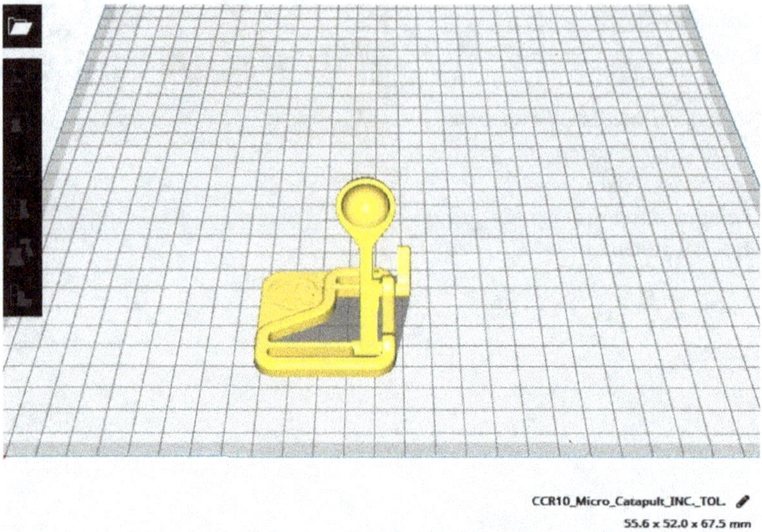


*Figura 87: Vista general de todos los archivos a imprimir (1x cada uno)*

## 10.5.3 Consejos sobre los ajustes de rebanado:

*„Micro Catapult INC. TOL.":*
**(Duración: ~ 1,5 h)**

- **Color: p.ej. azul**
- Espesor de la capa: 0.2 mm
- Densidad de llenado: 20 %
- Permitir el alisado: sí
- Estructura de soporte: sin
- Adhesión: Skirt (2 Líneas, 5 mm Distancia)

## 10.6 Llavero: Corazón

### 10.6.1 Descripción general:

Creative Commons - Attribution

**Dificultad*:**

**Duración:** **~ 1,5 h**

**Material:** **~ 8 g**

---

***Descarga gratuita: Thingiverse***

*Buscar: „heart key ring"*

*Diseñador: „Candice_Coreen"*

*Enlace de descarga:* [https://www.thingiverse.com/thing:2782690](https://www.thingiverse.com/thing:2782690)

**Material adicional:** ---

* (de )

## 10.6.2 Consejos para editar y posicionar el/los archivo(s):

Rotación de todos los objetos individuales como en la vista en *Fig. 88:*

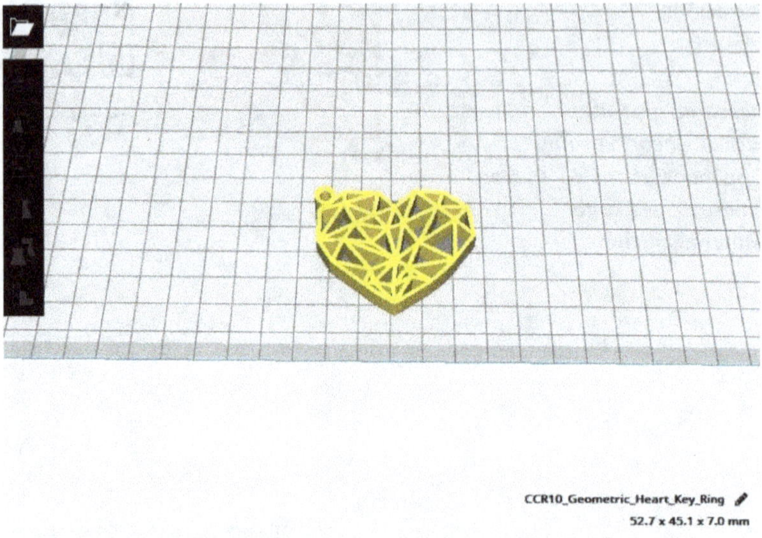


*Figura 88: Vista general de todos los archivos a imprimir (1x cada uno)*

## 10.6.3 Consejos sobre los ajustes de rebanado:

*„Geometric Heart Key Ring“:*
**(Duración: ~ 1,5 h)**

- **Color: p.ej. rojo**
- Espesor de la capa: 0.12 mm
- Densidad de llenado: 100 %
- Permitir el alisado: sí
- Estructura de soporte: no
- Adhesión: Skirt (2 Líneas, 5 mm Distancia)

## 10.7 Cojinetes de bolas (funcionamiento)

### 10.7.1 Descripción general:

**Dificultad*:** +
**Duración:** ~ 2,5 h
**Material:** ~ 28 g

***Descarga gratuita: Thingiverse***
*Buscar: „ball bearing“*
*Diseñador: „barspin“*
*Enlace de descarga:* https://www.thingiverse.com/thing:143467/files
**Material adicional:** ---

* (de )

## 10.7.2 Consejos para editar y posicionar el/los archivo(s):

Rotación de todos los objetos individuales como en la vista en *Fig. 89:*

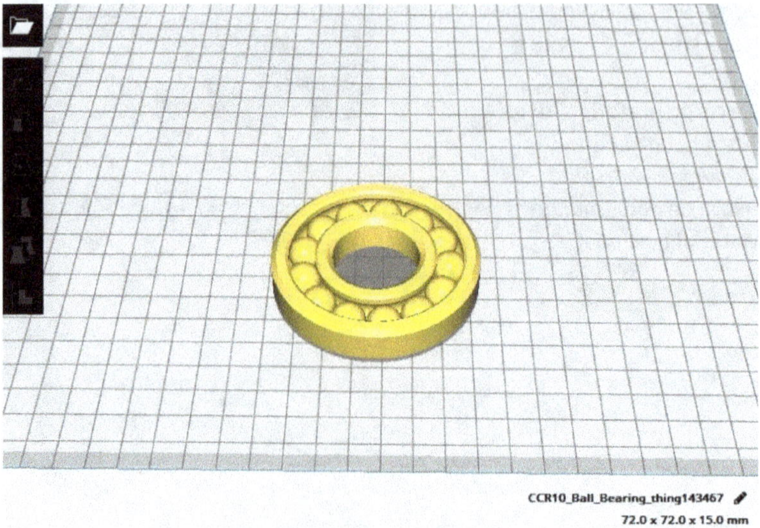


*Figura 89: Vista general de todos los archivos a imprimir (1x cada uno)*

## 10.7.3 Consejos sobre los ajustes de rebanado:

*„Ball Bearing.A.3":*
(**Duración: ~ 2,5 h**)

- **Color: p.ej. verde**
- Espesor de la capa: 0.16 mm
- Densidad de llenado: 20 %
- Permitir el alisado: sí
- Estructura de soporte: no
- Adhesión: Skirt (2 Líneas, 5 mm Distancia)

## 11 Palabras finales

Esto nos lleva a la conclusión de los proyectos de impresión en 3D. Pero ahora es aún más importante poner en práctica muchas grandes ideas.

Si te ha gustado este libro, por favor, no dudes en recomendárselo a tus amigos y formar parte de la creciente comunidad de impresión en 3D, o escribir una reseña de este libro.

En el apéndice también se encuentran los ajustes generales del perfil de impresión utilizado (software de corte: Cura, impresora 3D: CR-10). Los ajustes han sido especialmente adaptados a la primera serie de la impresora 3D CR-10.

# Anexo: Ajustes de rebanado (Cura y CR-10)

Descargar en www.3ddruckworkshop.de/startpaket de forma gratuita

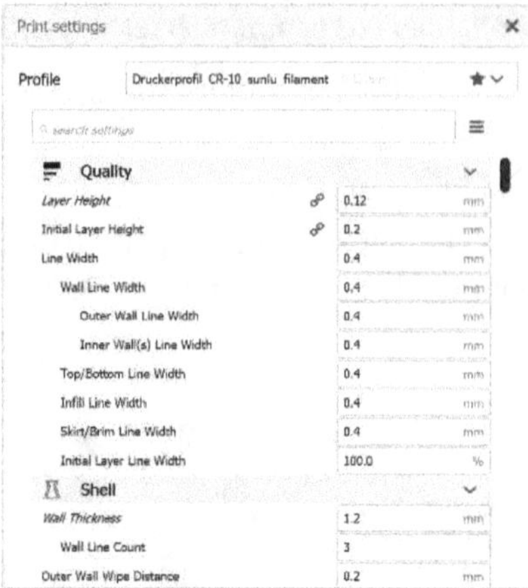

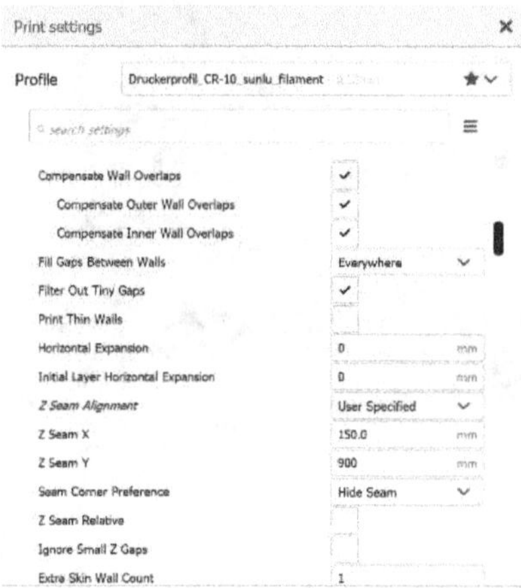

Print settings
Profile
Druckerprofil_CR-10_sunlu_filament
search settings
Skin Overlap 0.02 mm
Infill Wipe Distance 0.1 mm
Infill Layer Thickness 0.12 mm
Gradual Infill Steps 0
Infill Before Walls
Minimum Infill Area 0 mm²
Infill Support
Skin Removal Width 1.2 mm
Top Skin Removal Width 1.2 mm
Bottom Skin Removal Width 1.2 mm
Skin Expand Distance 1.2 mm
Top Skin Expand Distance 1.2 mm
Bottom Skin Expand Distance 1.2 mm
Maximum Skin Angle for Expansion 90 °
Minimum Skin Width for Expansion 0.0 mm

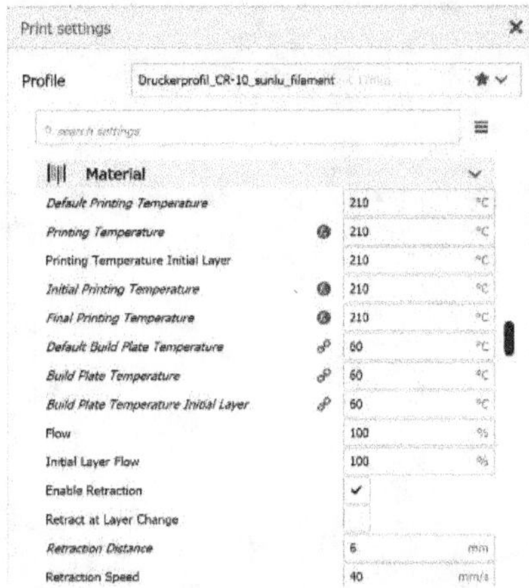
Print settings
Profile
Druckerprofil_CR-10_sunlu_filament
search settings
Material
Default Printing Temperature 210 °C
Printing Temperature 210 °C
Printing Temperature Initial Layer 210 °C
Initial Printing Temperature 210 °C
Final Printing Temperature 210 °C
Default Build Plate Temperature 60 °C
Build Plate Temperature 60 °C
Build Plate Temperature Initial Layer 60 °C
Flow 100 %
Initial Layer Flow 100 %
Enable Retraction
Retract at Layer Change
Retraction Distance 6 mm
Retraction Speed 40 mm/s

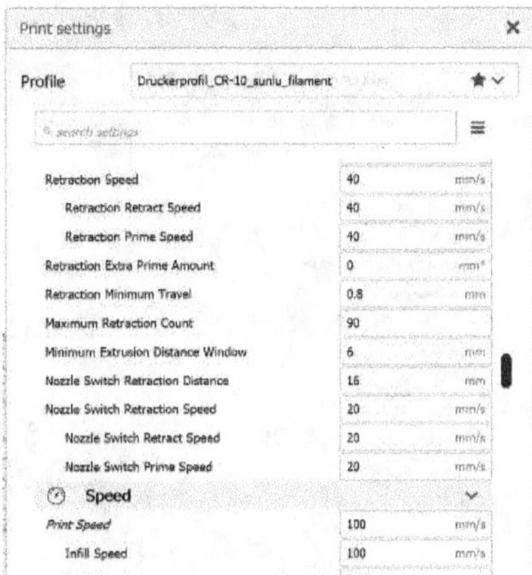
Print settings
Profile
Druckerprofil_CR-10_sunlu_filament
search settings
Retraction Speed 40 mm/s
Retraction Retract Speed 40 mm/s
Retraction Prime Speed 40 mm/s
Retraction Extra Prime Amount 0 mm³
Retraction Minimum Travel 0.8 mm
Maximum Retraction Count 90
Minimum Extrusion Distance Window 6 mm
Nozzle Switch Retraction Distance 16 mm
Nozzle Switch Retraction Speed 20 mm/s
Nozzle Switch Retract Speed 20 mm/s
Nozzle Switch Prime Speed 20 mm/s
Speed
Print Speed 100 mm/s
Infill Speed 100 mm/s
Wall Speed 50.0 mm/s

Print settings
Profile
Druckerprofil_CR-10_sunlu_filament
search settings
Wall Speed 50.0 mm/s
Outer Wall Speed 50.0 mm/s
Inner Wall Speed 100.0 mm/s
Top/Bottom Speed 50.0 mm/s
Travel Speed 110 mm/s
Initial Layer Speed 50.0 mm/s
Initial Layer Print Speed 50.0 mm/s
Initial Layer Travel Speed 55.0 mm/s
Skirt/Brim Speed 50.0 mm/s
Maximum Z Speed 0 mm/s
Number of Slower Layers 2
Equalize Filament Flow
Enable Acceleration Control
Print Acceleration 500 mm/s²
Infill Acceleration 500 mm/s²

Print settings
Profile
Druckerprofil CR-10 sunlu filament
search settings
Infill Acceleration 500 mm/s²
Wall Acceleration 500 mm/s²
Outer Wall Acceleration 500 mm/s²
Inner Wall Acceleration 500 mm/s²
Top Surface Skin Acceleration 500 mm/s²
Top/Bottom Acceleration 500 mm/s²
Travel Acceleration 5000 mm/s²
Initial Layer Acceleration 500 mm/s²
Initial Layer Print Acceleration 500 mm/s²
Initial Layer Travel Acceleration 5000.0 mm/s²
Skirt/Brim Acceleration 500 mm/s²
Enable Jerk Control
Print Jerk 20 mm/s
Infill Jerk 20 mm/s
Wall Jerk 20 mm/s

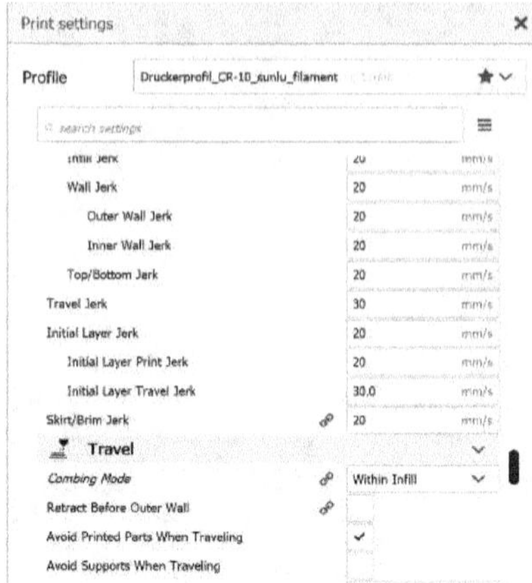
Print settings
Profile
Druckerprofil_CR-10_sunlu_filament
search settings
Wall Jerk 20 mm/s
Outer Wall Jerk 20 mm/s
Inner Wall Jerk 20 mm/s
Top/Bottom Jerk 20 mm/s
Travel Jerk 30 mm/s
Initial Layer Jerk 20 mm/s
Initial Layer Print Jerk 20 mm/s
Initial Layer Travel Jerk 30.0 mm/s
Skirt/Brim Jerk 20 mm/s
Travel
Combing Mode Within Infill
Retract Before Outer Wall
Avoid Printed Parts When Traveling
Avoid Supports When Traveling

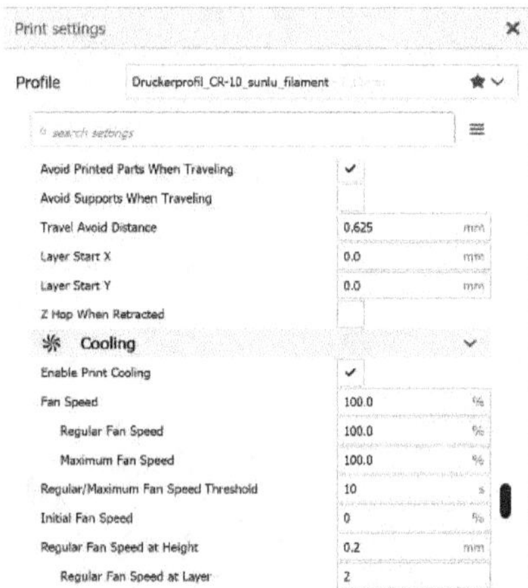
Print settings
Profile
Druckerprofil_CR-10_sunlu_filament
search settings
Avoid Printed Parts When Traveling
Avoid Supports When Traveling
Travel Avoid Distance 0.625 mm
Layer Start X 0.0 mm
Layer Start Y 0.0 mm
Z Hop When Retracted
Cooling
Enable Print Cooling
Fan Speed 100.0 %
Regular Fan Speed 100.0 %
Maximum Fan Speed 100.0 %
Regular/Maximum Fan Speed Threshold 10 s
Initial Fan Speed 0 %
Regular Fan Speed at Height 0.2 mm
Regular Fan Speed at Layer 2

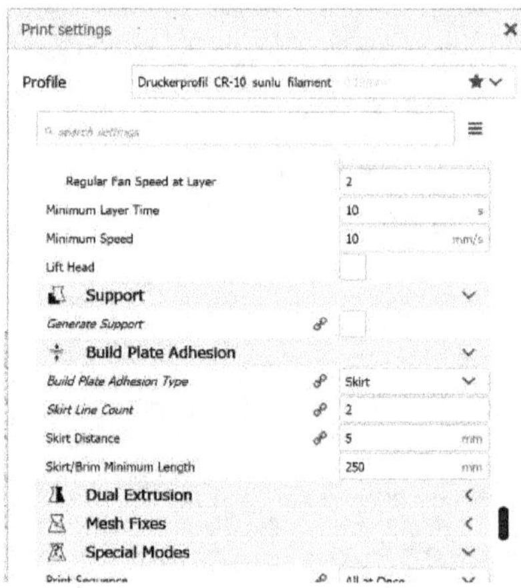
Print settings
Profile
Druckerprofil CR-10 sunlu filament
search settings
Regular Fan Speed at Layer 2
Minimum Layer Time 10 s
Minimum Speed 10 mm/s
Lift Head
Support
Generate Support
Build Plate Adhesion
Build Plate Adhesion Type Skirt
Skirt Line Count 2
Skirt Distance 5 mm
Skirt/Brim Minimum Length 250 mm
Dual Extrusion
Mesh Fixes
Special Modes

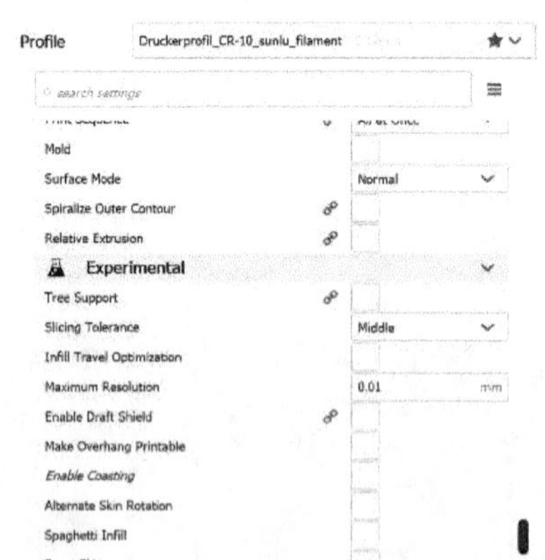
Profile
Druckerprofil_CR-10_sunlu_filament
search settings
Mold
Surface Mode Normal
Spiralize Outer Contour
Relative Extrusion
Experimental
Tree Support
Slicing Tolerance Middle
Infill Travel Optimization
Maximum Resolution 0.01 mm
Enable Draft Shield
Make Overhang Printable
Enable Coasting
Alternate Skin Rotation
Spaghetti Infill

www.ingramcontent.com/pod-product-compliance
Lightning Source LLC
LaVergne TN
LVHW010750051026
849532LV00007B/2323
* 9 7 8 3 9 4 9 8 0 4 5 0 2 *